無拉鍊
×
輕鬆縫

無拉錬
×
輕鬆縫

無拉鍊
×
輕鬆縫

鬆緊帶設計的
褲&裙&配件小物

關於本書介紹的裙與褲，全部免除了麻煩的拉鍊接縫作業。

腰部一律使用鬆緊帶，因此製作上非常簡單！

即便腰間為鬆緊帶設計，也能帶出美麗的輪廓。

款式全都屬於具實用性，並導入季節性氣息的設計。

不妨試著多製作幾件，享受每天打扮時尚、造型多變的樂趣吧！

✦ Contents ✦

抓褶Ａ字裙

素材使用輕盈飄逸的棉質布料。縫入兩條鬆緊帶，同時運用抽繩設計，詮釋出令人印象深刻的腰間輪廓。上衣紮進裙裡，合身的感覺時尚雅致。

作法 P.4

布料／ヨーロッパ服地のひでき

製作／坂口治美

抓褶A字裙

將作品 *No.1* 的裙子長度加長之後，轉化為充滿大人風格的氛圍。以觸感舒適的麻布製作，是能使人心情愉悦的一件單品。

2

作法 ❧ P.4

布料／清原
製作／坂口治美

上下穿入鬆緊帶，正中央再穿入同一塊布製作的緞帶。

P.2 No. 1   P.3 No. 2

材 料		S	M	L	LL
No. 1表布（法式薄紗）	110cm寬	2m30cm	2m30cm	2m40cm	2m40cm
No. 2表布（Standard Linen亞麻布）	140cm寬	2m50cm	2m70cm	2m70cm	2m80cm
黏著襯（日本VILENE FV-2N）	5cm寬	5cm	5cm	5cm	5cm
鬆緊帶	1cm寬	1m40cm	1m50cm	1m50cm	1m70cm
完成尺寸	No. 1裙長	64.1cm	67cm	69.9cm	70.7cm
	No. 2裙長	82.2cm	86cm	89.7cm	90.7cm

❧ 關於紙型 ❧

◆原寸紙型：使用A面No. 1・2。
* 使用部件：腰帶・裙片。
* 緞帶未附原寸紙型，請直接進行製圖。
* 紙型・製圖不含縫份。
* 腰帶與No. 2的A字裙（僅限L・LL尺寸），
　分為兩片紙型，請依記號對齊紙型。

❧ 紙型・製圖 ❧

的部件附有原寸紙型。

數字的標記
S　SIZE
M　SIZE
L　SIZE
LL SIZE
僅標示1個數字時
表示各尺寸通用

綁帶（←→）

0.2
2
166　　0.2
170
174
180

66
70
74

腰帶

後中心線
前中心線
褶線
全體穿入80cm的鬆緊帶
（包含2cm縫份部分）
1.5 ←→
0.2　　1.5
綁帶穿入口
對齊紙型
後中心線
鬆緊帶
綁帶

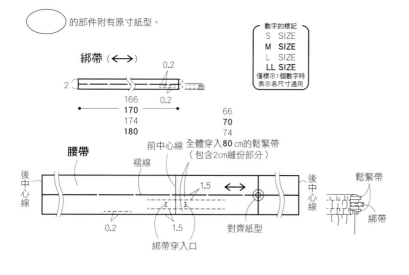

❧ 表布的裁布圖 ❧

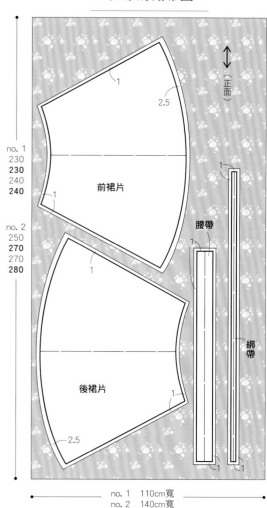

（正面）

no. 1
230
230
240
240

no. 2
250
270
270
280

前裙片
2.5
1
1

腰帶
1

後裙片
1
2.5

綁帶
1

no. 1　110cm寬
no. 2　140cm寬

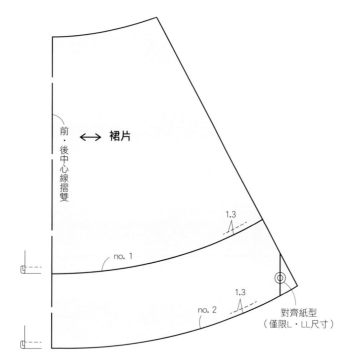

前・後中心線摺雙
←→ 裙片

1.3
no. 1
1.3
no. 2
對齊紙型
（僅限L・LL尺寸）

❧ 作法 ❧

※於開始縫製前，黏貼上黏著襯，
　並於脇線上進行Z字形車縫。

1 製作緞帶

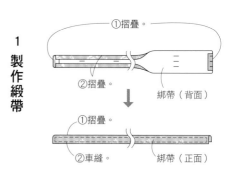

①摺疊。
②摺疊。
綁帶（背面）

①摺疊。
②車縫。
綁帶（正面）

2 於腰帶上黏貼黏著襯，製作綁帶穿入口

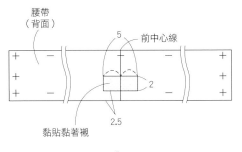

腰帶（背面）
5
前中心線
2
2.5
黏貼黏著襯

腰帶（正面）
4
1.75
1.5
開釦眼

3 製作腰帶

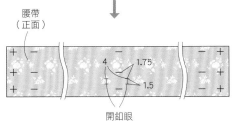

②車縫。
腰帶（背面）
①摺疊。
1
鬆緊帶穿入口

腰帶（背面）
①燙開縫份。
②摺疊。

6 縫合下襬

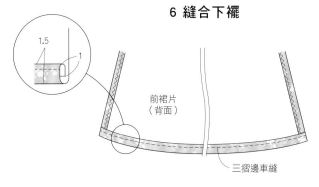

1.5
1
前裙片（背面）
三摺邊車縫

4 縫合脇線

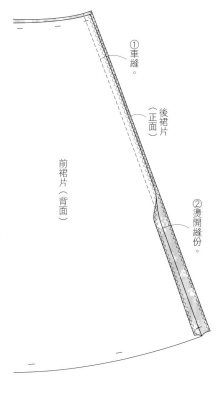

①車縫。
後裙片（正面）
前裙片（背面）
②燙開縫份。

7 穿入鬆緊帶

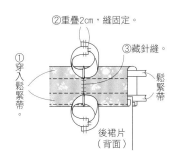

②重疊2cm，縫固定。
③藏針縫。
①穿入鬆緊帶。
鬆緊帶
後裙片（背面）

8 縫製完成

no. 1
將綁帶穿入綁帶穿入口

no. 2
將綁帶穿入綁帶穿入口

5 接縫腰帶

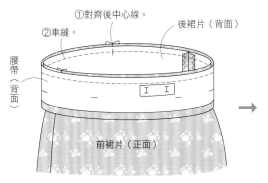

①對齊後中心線。
②車縫。
後裙片（背面）
腰帶（背面）
前裙片（正面）

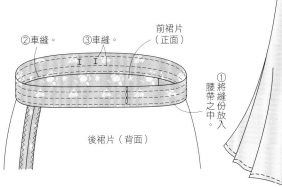

②車縫。
③車縫。
前裙片（正面）
後裙片（背面）
①將縫份放入腰帶之中。

抓褶裙

3

只要將筆直裁剪的布片加以縫合,即可完成的超簡單抓褶裙。由於腰部縫入兩條鬆緊帶,因此穿起來服貼又舒適。

於腰部縫入兩條鬆緊帶。

作法 ❧ P.88

布料／COSMO TEXTILE
（SP-1803-4C）

製作／加藤容子

托特包

使用與裙子同款的布料製作托特包。由於袋底為圓形，因此物品容易置放，收納力非常優異。

作法 ❤ P.8

布料／COSMO TEXTILE（SP-1803-4C）

製作／加藤容子

材　料		
表布（棉布）	110cm寬	60cm
裡布（細棉布）	110cm寬	60cm
背膠鋪棉（日本VILENE GS-8）	90cm寬	60cm
織帶	4cm寬	70cm

❧ 關於紙型 ❧

◆原寸紙型：使用B面No.4。
＊使用部件：袋底。
＊本體・內口袋未附原寸紙型，請直接進行製圖。
＊紙型・製圖不含縫份。

❧ 紙型・製圖 ❧

的部件附有原寸紙型。

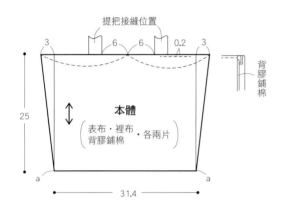

本體
（表布・裡布・各兩片）
（背膠鋪棉）
提把接縫位置
背膠鋪棉
25
31.4

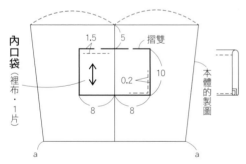

內口袋
（裡布・1片）
摺雙
本體的製圖

提把
（織帶・2條）

4
32

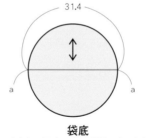

31.4
袋底
（表布・裡布・背膠鋪棉・各1片）

❧ 表布的裁布圖 ❧

　=背膠鋪棉黏貼位置

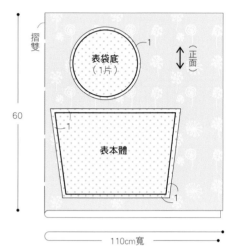

表袋底
（1片）
表本體
摺雙
60
正面
110cm寬

❧ 裡布的裁布圖 ❧

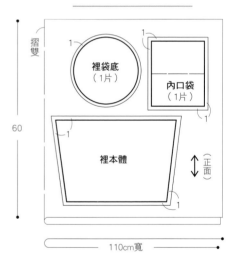

裡袋底
（1片）
內口袋
（1片）
裡本體
摺雙
60
正面
110cm寬

❧ 作法 ❧ ※於開始縫製前，黏貼上黏著襯。

1
製作並接縫內口袋

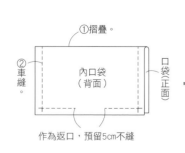

①摺疊。
②車縫。
內口袋（背面）
口袋（正面）
作為返口，預留5cm不縫

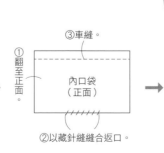

③車縫。
①翻至正面。
內口袋（正面）
②以藏針縫縫合返口。

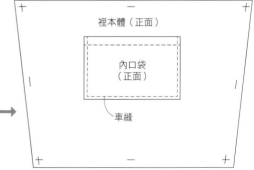

裡本體（正面）
內口袋（正面）
車縫

2 接縫提把

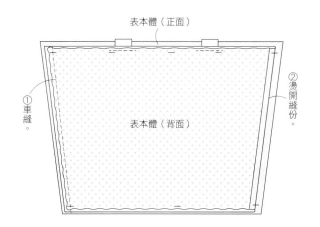

提把　以車縫進行疏縫　0.5
表本體（正面）

3 製作表本體

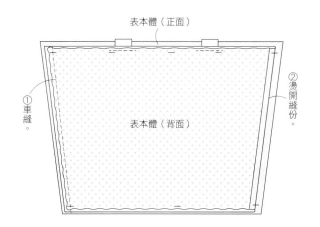

表本體（正面）
①車縫。
表本體（背面）
②燙開縫份。

4 製作裡本體

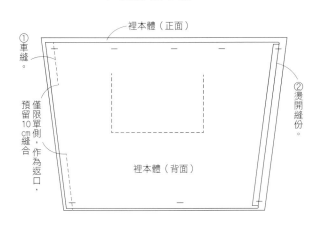

裡本體（正面）
①車縫。
僅限單側，作為返口，預留10cm縫合
裡本體（背面）
②燙開縫份。

5 縫合本體與袋底

車縫
a　a
表袋底（背面）
表本體（背面）

※裡本體亦同。

6 縫合表本體與裡本體

③車縫。　表本體（背面）　①將表本體翻至正面。
②將表本體裝入裡本體之中。
裡本體（背面）

①由返口處翻至正面。

提把
表本體（正面）
②以藏針縫縫合返口。
裡本體（正面）

7 縫製完成

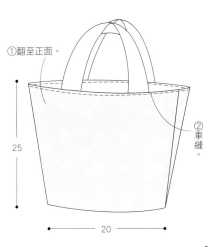

①翻至正面。
②車縫。
25
20

附有可拆式吊帶的褶襇A字裙。基本款的威爾斯格紋,任何人都能輕鬆駕馭。拆下吊帶的穿著造型,搭以黑色罩衫,收斂成雅致風格。

5

作法 ☙ P.70
(內附製程照片解說)

布料／布地のお店sol pano

製作／金丸かほり

背面造型。僅於後裙片縫入鬆緊帶。

吊帶可藉由鈕釦拆下來。可利用鈕眼調節長度的巧思,也是令人開心的關鍵。

← *No. 5* 的穿搭應用 →

釦上吊帶,搖身一變成為休閒風格。搭配白色簡單的上衣,呈現出完全俐落的裝束風格。

套頭衫/DO！FAMILY原宿本店　襪子/靴下屋(Tabio)　鞋子/studio CLIP(Adastria)　**11**

綁帶褶襉Ａ字裙

將寬版腰帶飾以羅紋緞帶綁束點綴。利用褶襉喇叭剪裁的輪廓，賦予裙身既成熟又可愛的氛圍。使用素材為輕盈膚觸的棉混嫘縈二重織。

緞帶請挑選自己喜歡的顏色。

僅於後裙片縫入兩條鬆緊帶。

6

作法 ❧ P.14

布料／／KOKKA（IG-25030-1C）

製作／金丸かほり

薄紗裙

於具有彈性的棉質素材上，重疊上雙層的薄紗。輕甜不膩的煙燻粉色，特別推薦給大人世代。

7

作法 ❧ P.16

布料／布地のお店sol pano

製作／加藤容子

腰帶使用棉質布料。

材 料		S	M	L	LL
表布（棉混嫘縈二重織）	110cm寬	2m60cm	2m60cm	2m70cm	2m70cm
黏著襯（日本VILENE FV-2N）	30cm寬	50cm	50cm	50cm	50cm
鬆緊帶	2cm寬	70cm	80cm	80cm	90cm
羅紋緞帶	1cm寬	1m50cm	1m50cm	1m50cm	1m50cm
完成尺寸	裙長	74.4cm	77.5cm	81.1cm	82.1cm

數字的標記
S SIZE
M SIZE
L SIZE
LL SIZE
僅標示1個數字時
表示各尺寸通用

✦ 關於紙型 ✦

◆原寸紙型：使用B面No.6。
＊使用部件：前腰帶A・前腰帶B・裡腰帶・後腰帶・
　前裙片・後裙片・袋布
＊綁帶用布環直接於布片上畫線後，進行裁剪。
＊紙型不含縫份。

✦ 紙型 ✦

⬭ 的部件附有原寸紙型。

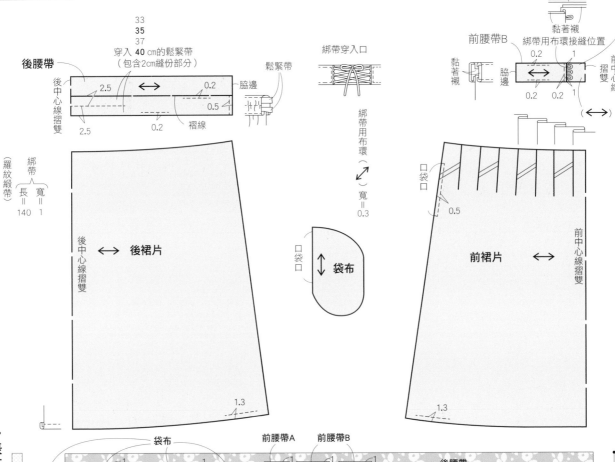

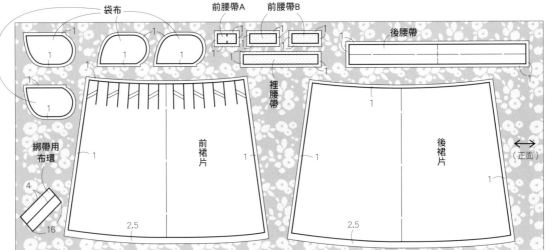

表布的裁布圖
▢ ＝黏著襯黏貼位置

✦ **作法** ✦ ※於開始縫製前，黏貼上黏著襯，並於脇線上進行Z字形車縫。

1 製作綁帶用布環

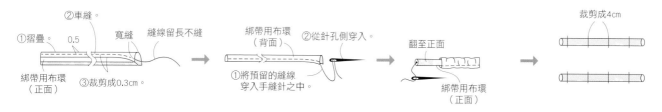

①摺疊。　②車縫。　寬縫　縫線留長不縫　　裁剪成4cm

0.5

綁帶用布環（正面）　③裁剪成0.3cm。

綁帶用布環（背面）　②從針孔側穿入。

①將預留的縫線穿入手縫針之中。

翻至正面　綁帶用布環（正面）

2 製作前腰帶

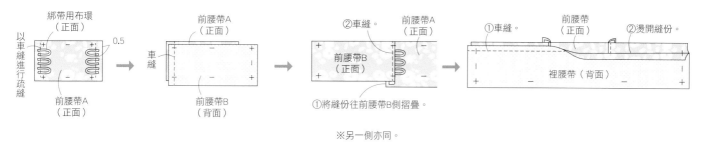

以車縫進行疏縫

綁帶用布環（正面）　0.5

前腰帶A（正面）

車縫

前腰帶A（正面）

前腰帶B（背面）

②車縫。　前腰帶A（正面）

前腰帶B（正面）

①將縫份往前腰帶B側摺疊。

①車縫　前腰帶（正面）　②燙開縫份。

裡腰帶（背面）

※另一側亦同。

3 一邊製作口袋，一邊縫合脇線（參照P.72）

4 摺疊褶襉（參照P.73）

5 縫合下襬線

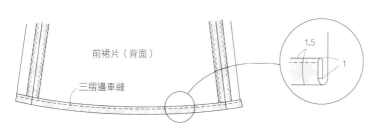

前裙片（背面）

三摺邊車縫

1.5
1

6 製作腰帶

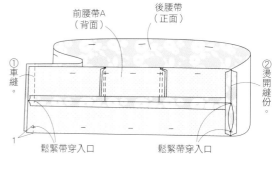

前腰帶A（背面）　後腰帶（正面）

①車縫　　②燙開縫份。

1　鬆緊帶穿入口　鬆緊帶穿入口

7 接縫腰帶

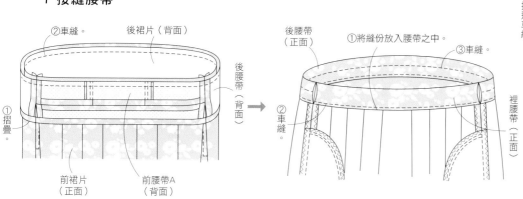

②車縫。　後裙片（背面）

①摺疊。

前裙片（正面）　前腰帶A（背面）　後腰帶（背面）

後腰帶（正面）　①將縫份放入腰帶之中。　③車縫。

②車縫。　裡腰帶（正面）

8 於後裙片中穿入鬆緊帶（參照P.75）

9 縫製完成

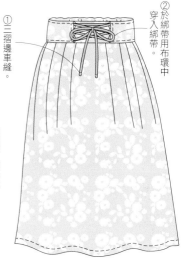

①三摺邊車縫。　②於綁帶用布環中穿入綁帶。

材 料		S	M	L	LL
表布（TYPEWRITER CLOTH純棉布料）	110cm寬	1m70cm	1m80cm	1m80cm	1m80cm
配布（聚酯纖維薄紗）	148cm寬	2m90cm	3m	3m10cm	3m10cm
鬆緊帶	3cm寬	70cm	80cm	80cm	90cm
完成尺寸	裙長	69.5cm	72.5cm	75.5cm	76.5cm

❧ 關於紙型 ❧

◆未附原寸紙型，請直接進行製圖。

＊製圖不含縫份。

❧ 製圖 ❧

數字的標記
S SIZE
M SIZE
L SIZE
LL SIZE
僅標示1個數字時
表示各尺寸通用

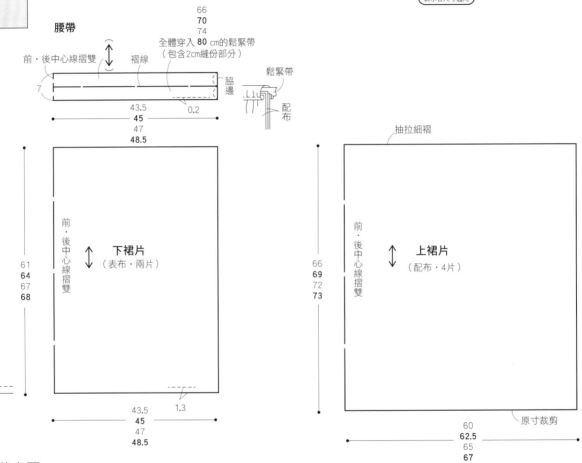

腰帶

66
70
74

全體穿入 80 cm的鬆緊帶
（包含2cm縫份部分）

前・後中心線摺雙　　褶線

7

鬆緊帶

脅邊

配布

43.5　　0.2

45
47
48.5

抽拉細褶

61
64
67
68

前・後中心線摺雙

下裙片
（表布・兩片）

43.5　　1.3

45
47
48.5

66
69
72
73

前・後中心線摺雙

上裙片
（配布・4片）

原寸裁剪

60
62.5
65
67

❧ 配布的裁布圖 ❧

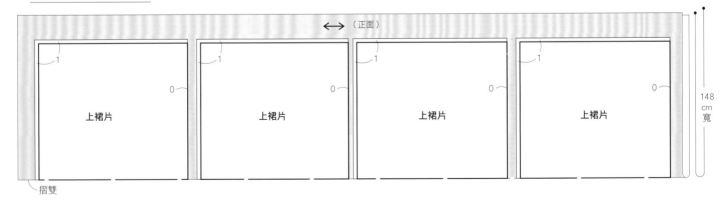

（正面）

1　　0　　上裙片　　1　　0　　上裙片　　1　　0　　上裙片　　1　　0　　上裙片

摺雙

148 cm 寬

290 **300** 310 **310**

◆ 作法 ◆ ※於開始縫製前，於下裙片的脇線上進行Z字形車縫。

1 製作下裙片

下裙片（正面）

③依8等份作記號。

①車縫。

①車縫。

②燙開縫份。

②燙開縫份。

下裙片（背面）

3 製作上裙片

①車縫。

①車縫。

②燙開縫份。

②燙開縫份。

※製作2個。

上裙片（背面）

2 縫合下襬線

下裙片（背面）

三摺邊車縫

1.5

1

①疊放兩片上裙片。

②兩片一起進行粗針目車縫。

③依8等份作記號。

0.5 0.2

上裙片（正面）

上裙片（正面）

4 疊放上裙片與下裙片

③車縫。

②拉緊縫線，抽拉細褶。

①對齊合印記號。

上裙片（正面）

下裙片（正面）

5 製作腰帶

僅限單側，預留鬆緊帶穿入口不縫

②燙開縫份。

①車縫。

腰帶（背面）

6 接縫腰帶（參照P.78）

7 穿入鬆緊帶

②重疊2cm，車縫。

①穿入鬆緊帶。

鬆緊帶

裙片（背面）

8 縫製完成

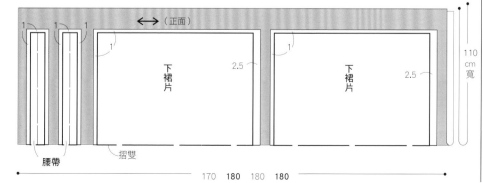

◆ 表布的裁布圖 ◆

1 1 1

←→（正面）

1

下裙片

2.5

下裙片

2.5

110cm寬

腰帶

摺雙

170 180 180 180

17

不
規
則
裙
襬
造
型
裙

8

兩側下垂的不規則裙襬造
型的時尚裙款,下襬的線
條作筆直裁剪。

前後中心為剪接縫製。

背面造型。

條紋花樣作為美麗的側身造型。

作法 🍂 P.20

布料／布地のお店sol pano
製作／金丸かほり

腰部縫入了一圈鬆緊帶。以
相同布料製作的緞帶，亦可
繫於腰間作蝴蝶結裝飾。

材料		S	M	L	LL
表布（棉質綾織條紋布）	110cm寬	3m20cm	3m30cm	3m40cm	3m50cm
鬆緊帶	2.5cm寬	1m40cm	1m50cm	1m50cm	1m70cm
完成尺寸	裙長	68cm	72cm	75cm	76cm

❧ 關於紙型 ❧

◆未附原寸紙型，請直接進行製圖。

＊製圖不含縫份。

```
數字的標記
 S   SIZE
 M  SIZE
 L   SIZE
 LL SIZE
僅標示1個數字時
表示各尺寸通用
```

❧ 製圖 ❧

綁帶 5 — 褶線 — 0.2 ... 0.2 ... 168 ... 172 ... 176 ... 182

66
70
74

腰帶 6 — 1.5 — 全體穿入 **80**cm的鬆緊帶（包含2cm縫份部分）— 褶線 — 右脇邊摺雙 — 左脇邊 — 1.5 — 0.2 — Ø 的2倍 — 線環接縫位置

鬆緊帶

23.2 / 24 / 25.9 / 26.9

5 — Ø — 1

前·後中心線 — ↕ 裙片

70 / 74 / 77 / 78

0.8

58.2 / 60 / 62.4 / 64.8

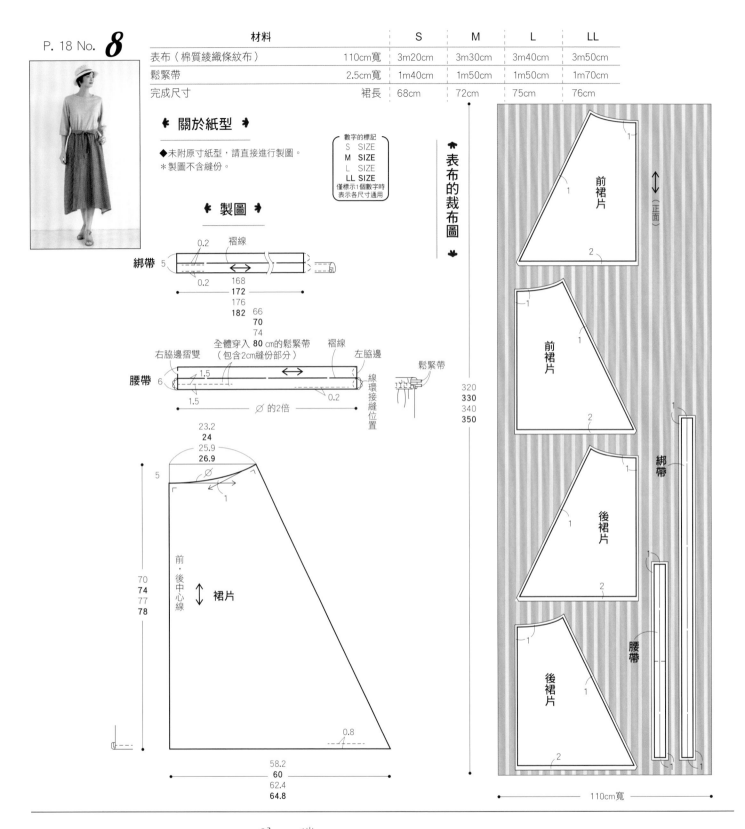

表布的裁布圖

前裙片 1 2（正面）

前裙片 1 2

綁帶

後裙片 1 2

腰帶

後裙片 1 2

320 / 330 / 340 / 350

110cm寬

❧ 線環的作法 ❧

使用指尖，並依照鉤針鉤織鎖針的要領製作線環。

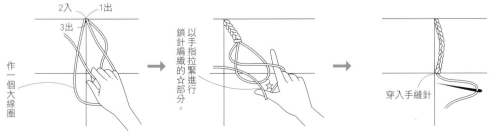

2入 1出 3出

作一個大線圈

以手指拉緊進行鎖針編織的☆部分。

穿入手縫針

1 製作綁帶（參照P.4）

2 縫合中心線

3 縫合脇線

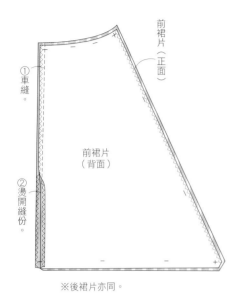

前裙片（正面）

①車縫。

前裙片（背面）

②燙開縫份。

※後裙片亦同。

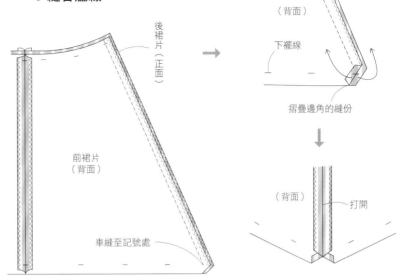

後裙片（正面）

前裙片（背面）

車縫至記號處

（背面）

下襬線

摺疊邊角的縫份

（背面） 打開

5 製作腰帶（參照P.53）

4 縫合下襬線

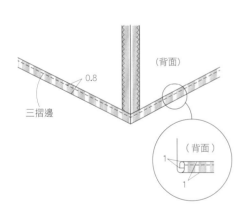

0.8

（背面）

三摺邊

（背面）

1

1

6 接縫腰帶

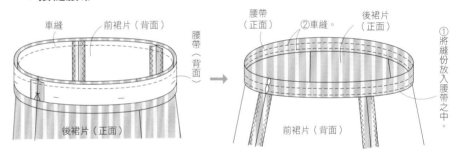

車縫 前裙片（背面）

腰帶（背面）

後裙片（正面）

腰帶（正面） ②車縫。 後裙片（正面）

①將縫份放入腰帶之中。

前裙片（背面）

7 穿入鬆緊帶

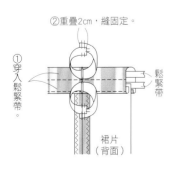

②重疊2cm，縫固定。

①穿入鬆緊帶。

鬆緊帶

裙片（背面）

8 於兩側脇邊製作線環

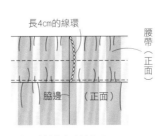

長4cm的線環

腰帶（正面）

脇邊 （正面）

※線環的製作方法請參照P.20。

9 縫製完成

百褶裙

帶有復古風穿搭趣性的
Black Watch格紋百褶裙。
上衣搭配白襯衫,營造出
文青的清新風。

僅於後裙片加入
鬆緊帶。

9

作法 ❦ **P.24**

布料／布地のお店sol pano
製作／金丸かほり

圍裹風長裙

雖然外表看似圍裹風裙子，卻是於前裙片上接縫圍裹布的設計。以D型環作成飾釦的腰帶，強調腰部視覺上的識別度。腰部則是縫入一圈寬版的鬆緊帶。

10

作法 ❧ P.76

布料／YUZAWAYA

製作／吉田みか子

於前裙片上接縫了一片圍裹布。

由於腰間縫有腰帶耳，因此亦可使用市售的腰帶。

材 料		S	M	L	LL
表布（先染亞麻棉Black Watch格紋布）	108cm寬	2m20cm	2m20cm	2m30cm	2m40cm
黏著襯（日本VILENE FV-2N）	10cm寬	50cm	50cm	50cm	50cm
鬆緊帶	2.5寬	40cm	40cm	40cm	50cm
完成尺寸	裙長	72.4cm	75.5cm	79.1cm	80.1cm

數字的標記
S　SIZE
M　SIZE
L　SIZE
LL SIZE
僅標示1個數字時
表示各尺寸通用

✦ 關於紙型 ✦

◆原寸紙型：使用B面No. 5。
＊使用部件：前腰帶・後腰帶・前裙片・後裙片。
＊紙型不含縫份。

✦ 紙型補正方法 ✦

＊將前裙片的褶襉改為細褶，重新繪製尺寸。
＊於脇邊處裁剪後裙片與後腰帶。

◯ 的部件附有原寸紙型。

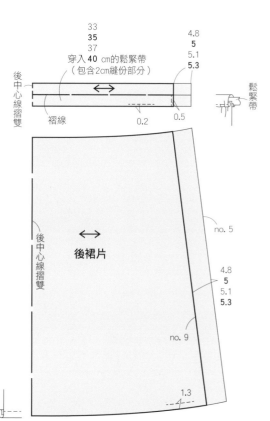

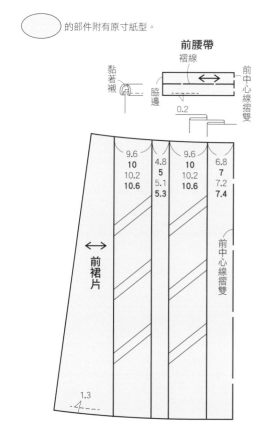

表布的裁布圖

□ = 黏著襯黏貼位置

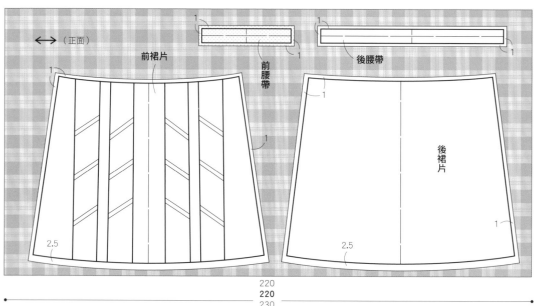

◆ 作法 ◆ ※於開始縫製前,黏貼上黏著襯,並於脇線上進行Z字形車縫。

4 製作＆接縫腰帶

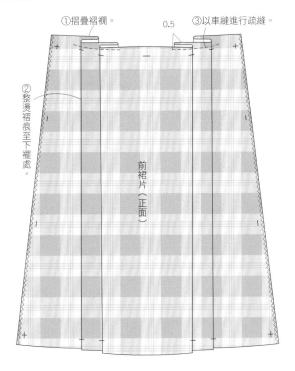

1 摺疊褶襇

①摺疊褶襇。
0.5
③以車縫進行疏縫。
②整燙褶痕至下襬處。
前裙片（正面）

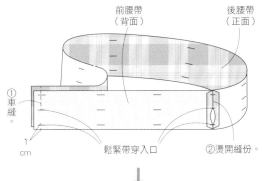

前腰帶（背面）
後腰帶（正面）
①車縫。
1 cm
鬆緊帶穿入口
②燙開縫份。

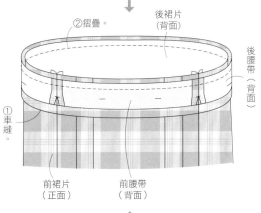

②摺疊。
後裙片（背面）
後腰帶（背面）
①車縫。
前裙片（正面）
前腰帶（背面）

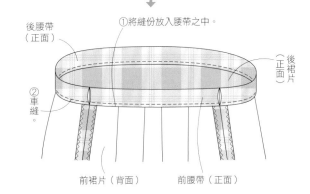

後腰帶（正面）
①將縫份放入腰帶之中。
後裙片（正面）
②車縫。
前裙片（背面）
前腰帶（正面）

2 縫合脇線

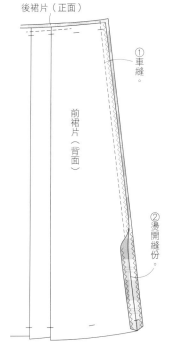

後裙片（正面）
①車縫。
前裙片（背面）
②燙開縫份。

5 於後裙片穿入鬆緊帶
（參照P.75）

6 縫製完成

3 燙開縫份

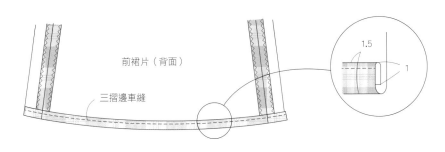

前裙片（背面）
三摺邊車縫
1.5
1

窄裙

帶有陽剛氣息的直條紋，
反而展現出女性獨特風格
的窄裙。腰間一帶保留寬
鬆感的設計，十分容易穿
搭。

"

作法 🍂 P.28
布料／布地のお店sol pano
製作／長島望

耳環／MDM　罩衫／studio CLIP（Adastria）　鞋子／RABOKIGOSHI

No.11 的穿搭應用

腰間部分利用P.64作品 **No.28**
的裝飾腰帶,使整體更顯時尚感。
腰帶亦可以手作完成。

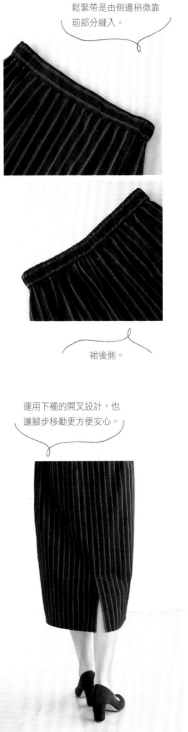

鬆緊帶是由側邊稍微靠
前部分縫入。

裙後側。

運用下襬的開叉設計,也
讓腳步移動更方便安心。

P. 26 No. **11**

材　料		S	M	L	LL
表布（先染棉綾織regimental stripe粗條紋布）	108cm寬	1m80cm	1m80cm	1m90cm	1m90cm
黏著襯（日本VILENE FV-2N）	10cm寬	40cm	40cm	40cm	40cm
鬆緊帶	3cm寬	50cm	50cm	50cm	50cm
完成尺寸	裙長	75.5cm	79.5cm	83.5cm	84.5cm

數字的標記
S　SIZE
M　SIZE
L　SIZE
LL SIZE
僅標示1個數字時
表示各尺寸通用

◆ 關於紙型 ◆

◆原寸紙型：使用A面No. 11。
＊使用部件：前腰帶・後腰帶・前裙片・後裙片。
＊紙型不含縫份。

◆ 紙型 ◆

◯ 的部件附有原寸紙型。

◆ 表布的裁布圖 ◆

▢ =黏著襯黏貼位置

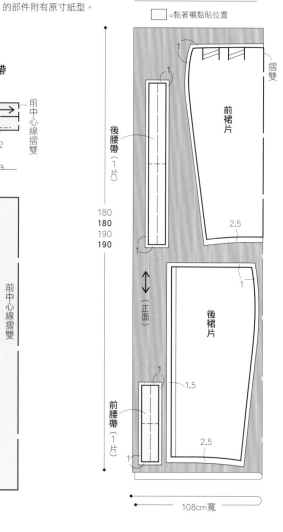

39
42
44
穿入 **48** cm的鬆緊帶
（包含2cm縫份部分）

後腰帶

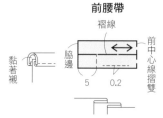

前腰帶

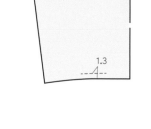

後裙片

前裙片

0.2

止縫點

1.3

1.3

◆ 作法 ◆

※於開始縫製前，黏貼上黏著襯，並於脇線、後中心線上進行Z字形車縫。

1 縫合後中心線

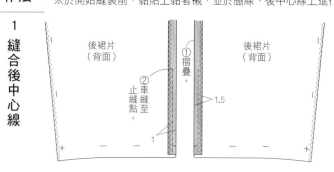

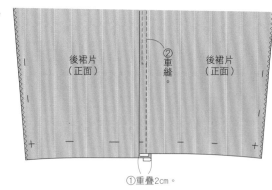

①重疊2cm。

28

2 摺疊褶襉

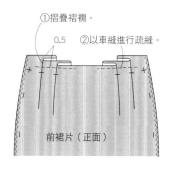

①摺疊褶襉。
0.5
②以車縫進行疏縫。
前裙片（正面）

3 縫合脇線

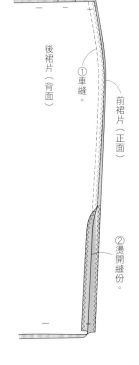

後裙片（背面）
①車縫。
前裙片（正面）
②燙開縫份。

4 縫合下襬線

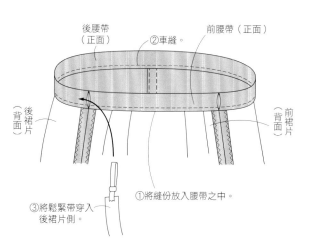

後裙片（背面）
三摺邊車縫
1.5
1

5 製作腰帶

前腰帶（背面）
後腰帶（正面）
①車縫。
②燙開縫份。
1
鬆緊帶穿入口

6 接縫腰帶

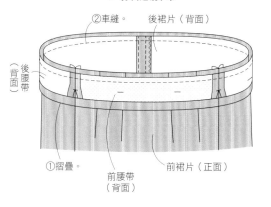

②車縫。
後裙片（背面）
後腰帶（背面）
①摺疊。
前腰帶（背面）
前裙片（正面）

後腰帶（正面）
②車縫。
前腰帶（正面）
後裙片（背面）
前裙片（背面）
③將鬆緊帶穿入後裙片側。
①將縫份放入腰帶之中。

7 將鬆緊帶穿入後裙片側

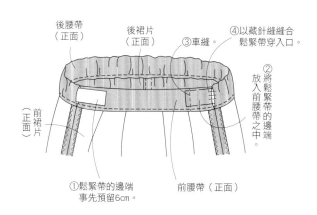

後腰帶（正面）
後裙片（正面）
③車縫。
④以藏針縫縫合鬆緊帶穿入口。
②將鬆緊帶放入前腰帶之中。
前裙片（正面）
①鬆緊帶的邊端事先預留6cm。
前腰帶（正面）

8 縫製完成

前面
後面

吊帶裙

12

能夠體驗到不同裙裝穿搭
樂趣的吊帶式裙款。只要
挑選基本的淺駝色棉質綾
織布，絕對是一整年都能
派上用場的單品。

僅於後腰帶放入鬆緊帶。

側面造型。

作法 ✤ P.79

布料／COSMO TEXTILE（AD-22000-109）
製作／長島望

中線設計抓褶褲

外部接縫腰帶耳的腰身
設計，內部放入了一圈
的鬆緊帶。

於中線燙出褶痕，賦予整
體簡潔俐落的印象。偏陽
剛味的氛圍，也相當適合
搭配襯衫或夾克。屬於直
線輪廓的褲型。

13

作法 ❧ P.82

布料／布地のお店sol pano

製作／吉田みか子

直筒褲

無接縫腰帶耳，縫製成
了更為簡單的設計。

於褲子後片上接縫了貼
式口袋。

雖與作品 *No.13* 的版型
相同，但改短了長度，也
取消中線的抓褶設計，是
一款活潑風格的紅色休閒
褲。

14

作法 ❧ P.82

布料／清原
製作／吉田みか子

縮口褲

屬於寬鬆輪廓剪裁的休閒
風縮口褲，露出腳踝的褲
長使步行更加輕快。使用
厚型的條紋棉布。

外部接縫腰帶耳的腰
身設計，內部放入了
一圈的鬆緊帶。

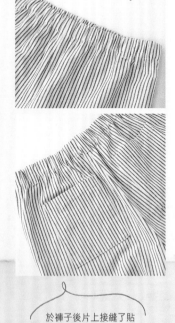

於褲子後片上接縫了貼
布口袋。

15

作法 ❧ P.36

布料／布地のお店sol pano
製作／吉田みか子sol pano

使用作品 *No.15* 同款布料製作而成的小肩包，在丹寧布的配布運用下，突顯整體的特色重點。只要拆下肩袋，即可作為手拿包使用的 2 WAY包款。

將作品 *No. 16* 的小肩包斜掛於身上。由於可以自由調整長度，因此請調整成喜歡的長度來使用吧！

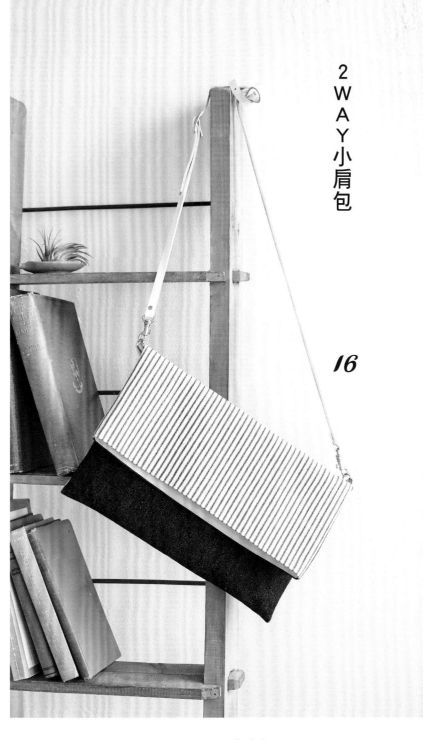

2 WAY 小肩包

16

作法 ❦ P.38

布料／布地のお店sol pano（直條紋）
提把・D型環／INAZUMA
製作／吉田みか子

材 料		S	M	L	LL
表布（先染厚織條紋絲光棉織布）	122cm寬	2m10cm	2m20cm	2m20cm	2m30cm
鬆緊帶	2.5cm寬	70cm	80cm	80cm	90cm
完成尺寸	褲長	85.9cm	89.5cm	93.2cm	94.2cm

❮ 關於紙型 ❯

◆原寸紙型：使用A面No. 14。

＊使用部件：前褲管・後褲管・口袋。

＊腰帶耳未附原寸紙型，請直接進行製圖。

＊紙型・製圖不含縫份。

數字的標記
S SIZE
M SIZE
L SIZE
LL SIZE
僅標示1個數字時
表示各尺寸通用

❮ 紙型補正方法・製圖 ❯

＊褲長尺寸請依作品no. 14製作，並將脇線與股下線改窄。

❮ 表布的裁布圖 ❯

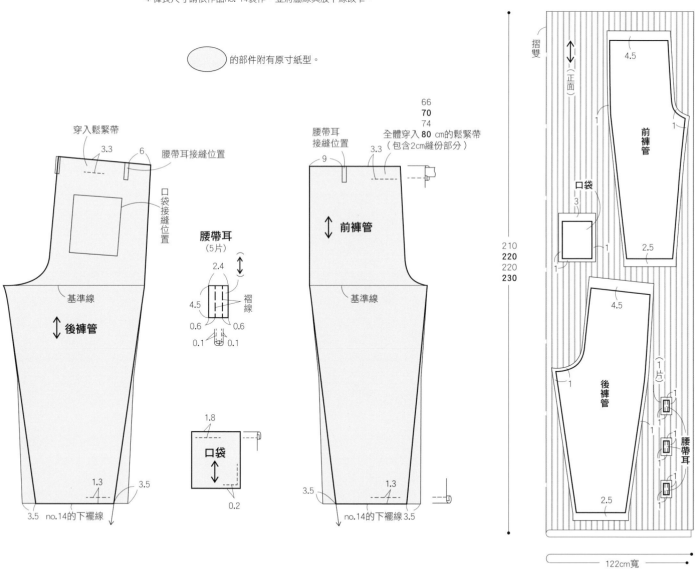

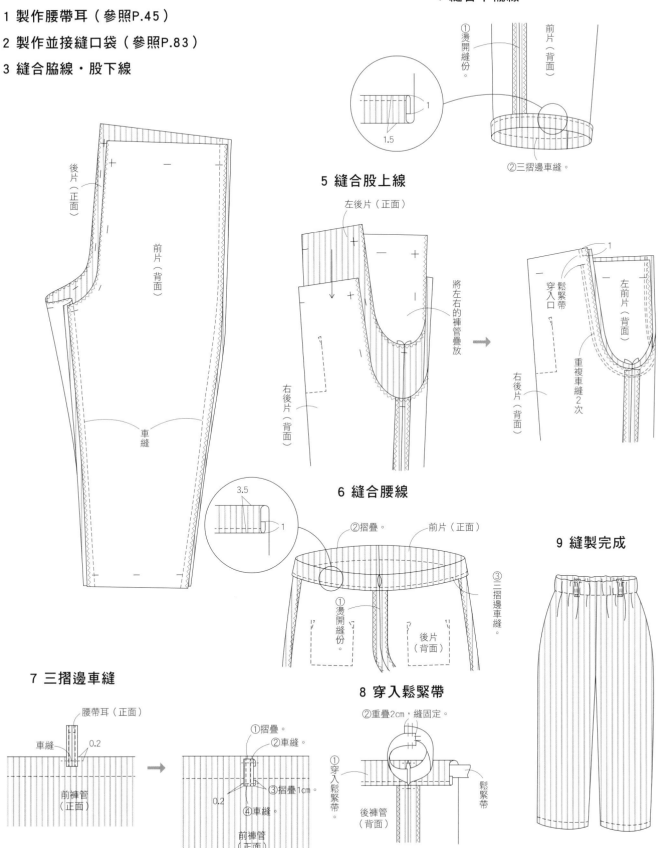

◆ 作法 ◆ ※於開始縫製前，於脇線、股上線、股下線上進行Z字形車縫。

1 製作腰帶耳（參照P.45）

2 製作並接縫口袋（參照P.83）

3 縫合脇線・股下線

後片（正面）

前片（背面）

車縫

4 縫合下襬線

①燙開縫份。

前片（背面）

②三摺邊車縫。

1

1.5

5 縫合股上線

左後片（正面）

右後片（背面）

將左右的褲管疊放

1

鬆緊帶穿入口

左前片（背面）

右後片（背面）

重複車縫2次

6 縫合腰線

3.5

1

②摺疊。

前片（正面）

①燙開縫份。

③三摺邊車縫。

後片（背面）

9 縫製完成

7 三摺邊車縫

腰帶耳（正面）

車縫

0.2

前褲管（正面）

①摺疊。

②車縫。

0.2

③摺疊1cm。

④車縫。

前褲管（正面）

8 穿入鬆緊帶

②重疊2cm，縫固定。

①穿入鬆緊帶。

後褲管（背面）

鬆緊帶

材 料

表布（先染厚織條紋絲光棉織布）	40cm寬	40cm
配布（8盎司丹寧布）	40cm寬	40cm
裡布（細麻布）	80cm寬	40cm
黏著襯（日本VILENE FV-2N）	40cm寬	40cm
D型環（INAZUMA／AK-6-14S）	內徑1cm	2 個
肩帶（INAZUMA／BS-1202S #0 米白色）		1條

◆ 關於紙型 ◆

◆未附原寸紙型，請直接進行製圖。
＊除了指定處之外，製圖不含縫份。

◆ 製圖 ◆

吊耳
（表布 兩片）

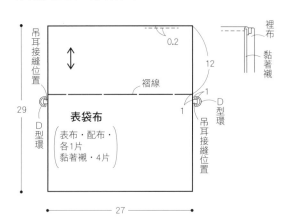

表袋布
（表布・配布・各1片
黏著襯・4片）

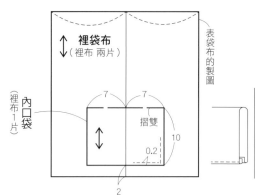

裡袋布
（裡布 兩片）

◆ 表布・配布的裁布圖 ◆

□ =黏著襯黏貼位置

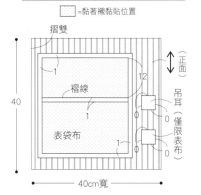

◆ 作法 ◆ ※於開始縫製前，黏貼上黏著襯。

1 製作吊耳，疏縫固定

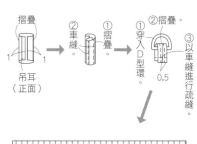

2 製作並接縫內口袋

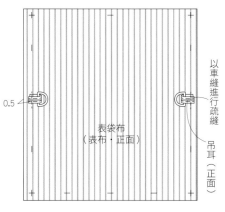

◆ 裡布的裁布圖 ◆

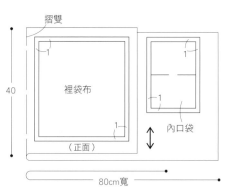

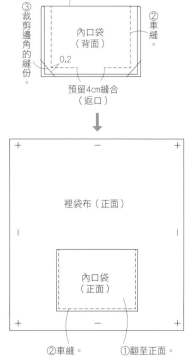

3 縫合表袋布

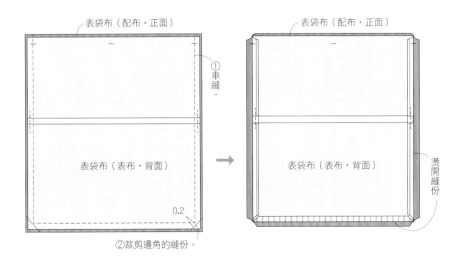

表袋布（配布・正面）

表袋布（配布・正面）

①車縫。

表袋布（表布・背面）

表袋布（表布・背面）

0.2

②裁剪邊角的縫份。

燙開縫份

4 縫合裡袋布

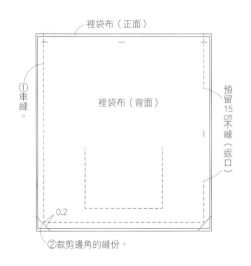

裡袋布（正面）

①車縫。

裡袋布（背面）

預留15㎝不縫（返口）

0.2

②裁剪邊角的縫份。

5 燙開縫份

裡袋布（正面）

裡袋布（背面）

裡袋布（背面）

燙開縫份

6 縫合表袋布與裡袋布

①將裡袋布翻至正面。

③車縫。

裡袋布（背面）

②將表袋布與裡袋布疊放。

表袋布（表布・背面）

7 翻至正面

表袋布（表布・正面）

③車縫。

①由返口翻至正面。

裡袋布（正面）

②以藏針縫縫合返口。

8 縫製完成

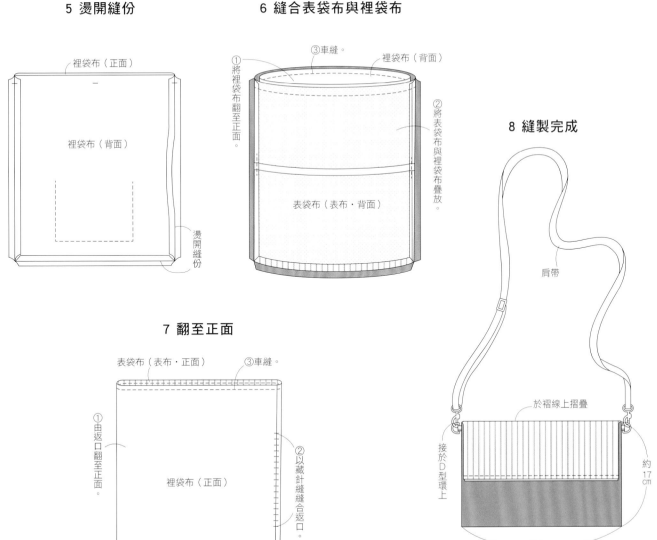

肩帶

於褶線上摺疊

接於D型環上

約17㎝

約27cm

條紋縮口褲

腰間一帶保留寬鬆感，並自膝下開始自然形成收攏集中的縮口褲，展現出優美的褲型。利用本身帶有俐落感的嫘縈麻質混紡條紋布製作而成，是一件穿不膩又能顯瘦的不敗單品。

17

作法 ❧ P.85

布料／布地のお店sol pano

製作／坂口治美

束口褲

於作品 *No.17* 相同版型的褲子下襬處，增加了鬆緊帶。帶有灑脫感的聚酯纖維素材，為整體帶出亮麗質感。

於腰間縫入褶襉。

18

作法 ❧ P.85
布料／布地のお店sol pano
製作／坂口治美

於褲子後片上接縫了貼式口袋。

圍裹風寬版長褲A

圍裹風的長褲，略顯寬鬆的輪廓中帶有輕鬆隨興的氛圍。依其搭配的上衣，亦可穿搭出休閒或典雅的造型。素材為斜紋粗棉布。

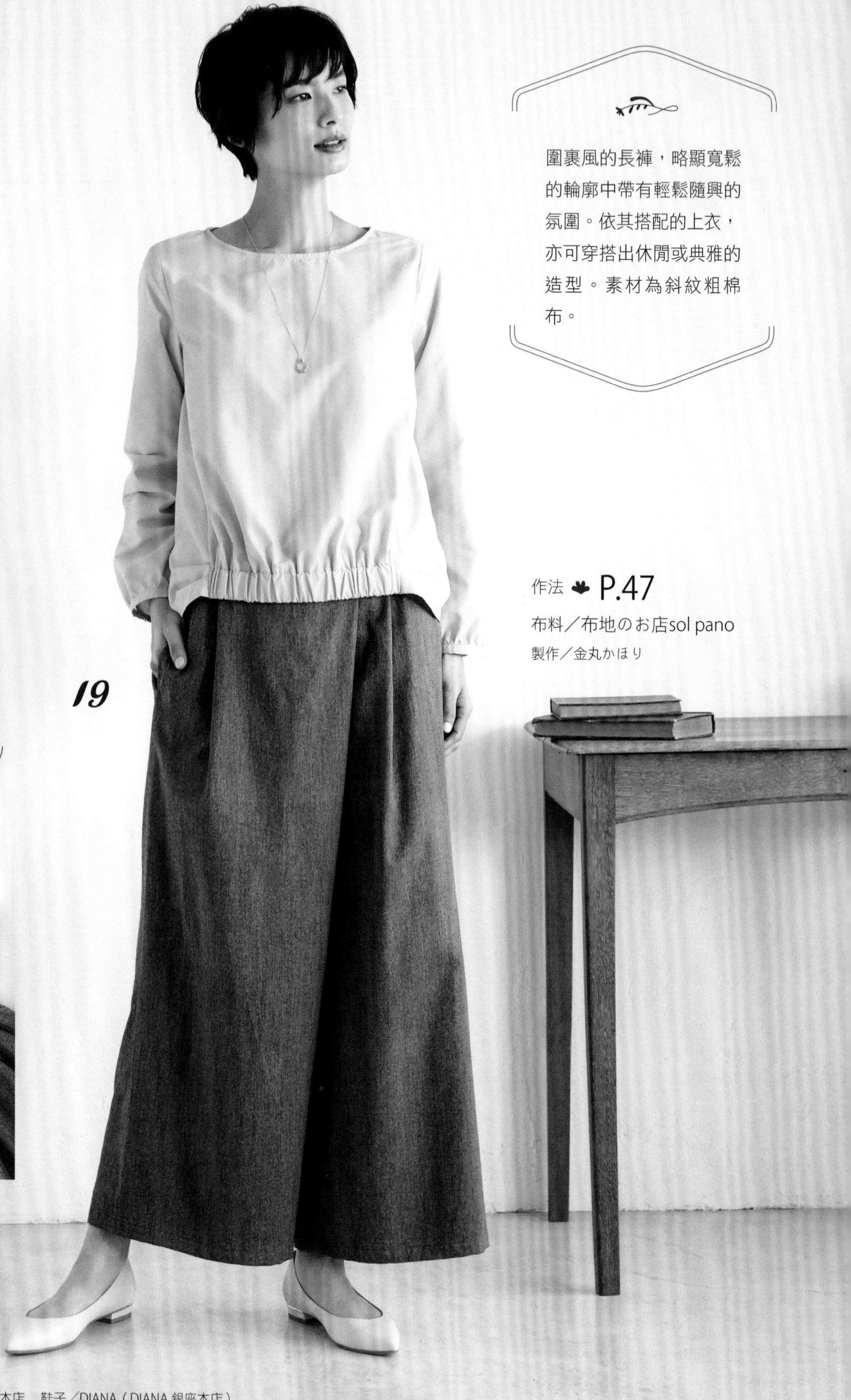

作法 P.47

布料／布地のお店sol pano

製作／金丸かほり

19

於正面添加褶襇。

僅於腰部的後方添加鬆緊帶。

 項鍊／MDM　上衣／DO！FAMILY原宿本店　鞋子／DIANA（DIANA銀座本店）

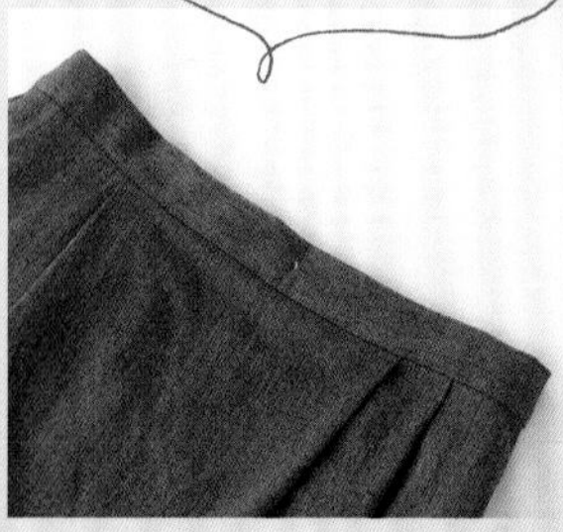

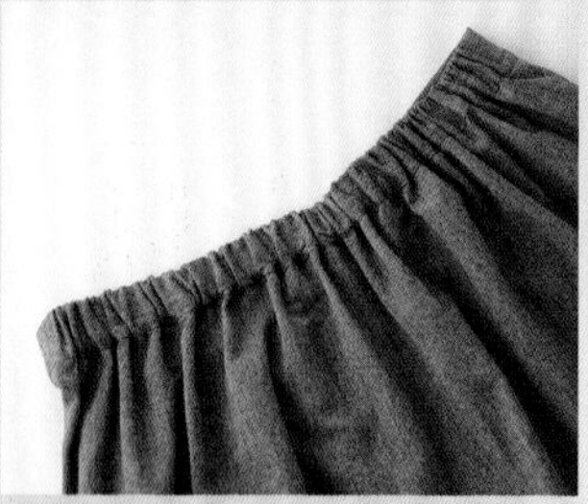

圍裏風長褲 B

藉由往下襬處收攏變窄的
輪廓,能夠穿搭出俐落風
格的圍裏風長褲。於腰帶
耳中穿入白色腰帶,更加
圈點出腰部的亮點。

僅於腰部的後方添加鬆
緊帶。

20

作法 ❧ P.44

布料╱清原
製作╱金丸かほり

手鐲╱MDM 套頭罩衫╱prit 鞋子╱TALANTON by DIANA（DIANA 銀座本店） 43

P. 43 No. 20

材料		S	M	L	LL
表布（半亞麻綾織布）	110cm寬	2m20cm	2m30cm	2m40cm	2m40cm
黏著襯（日本VILENE FV-2N）	10cm寬	50cm	50cm	50cm	50cm
鬆緊帶	2.5cm寬	40cm	40cm	40cm	50cm
完成尺寸	褲長	86cm	89.5cm	93cm	94cm

數字的標記
S　SIZE
M　SIZE
L　SIZE
LL SIZE
僅標示1個數字時
表示各尺寸通用

❦ 關於紙型 ❧

◆原寸紙型：使用C面No. 20。
＊使用部件：前腰帶・後腰帶・左前褲管・右前褲管・後褲管・袋布。
＊腰帶耳未附原寸紙型，請直接進行製圖。
＊紙型・製圖不含縫份。

❦ 紙型・製圖 ❧

⬭ 的部件附有原寸紙型。

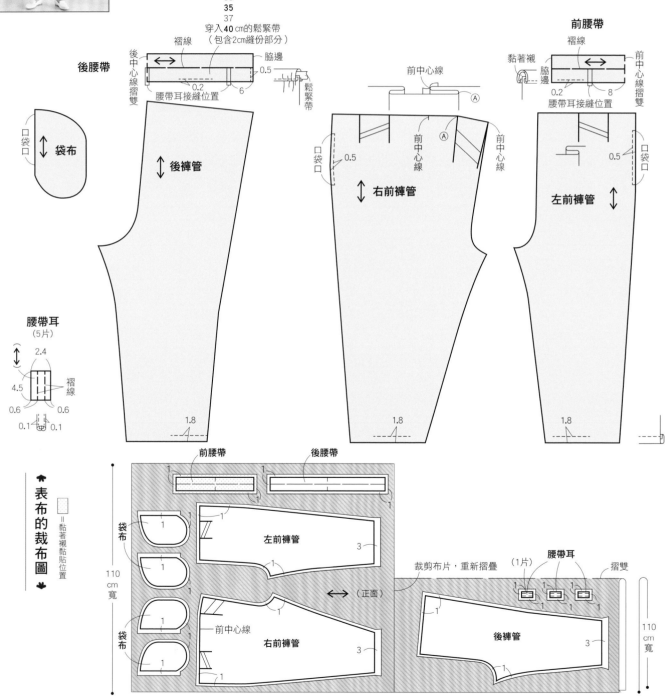

表布的裁布圖

= 黏著襯黏貼位置

44

1 製作腰帶耳
（僅限作品No.20）

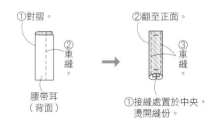

①對摺。
②車縫。
腰帶耳（背面）

②翻至正面。
③車縫。
①接縫處置於中央，燙開縫份。

2 製作口袋，縫合脇線
（參照P.72）

4 縫合股下線

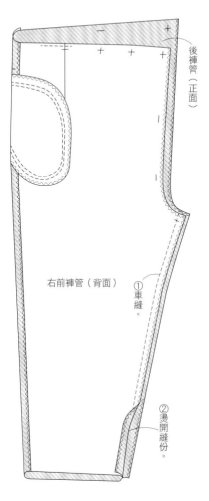

右前褲管（背面）
後褲管（正面）
①車縫。
②燙開縫份。

※左褲管亦同。

3 摺疊褶襉

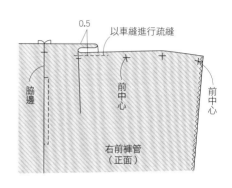

0.5
以車縫進行疏縫
脇邊
前中心
前中心
右前褲管（正面）

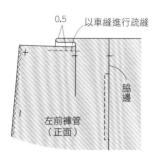

0.5
以車縫進行疏縫
脇邊
左前褲管（正面）

5 縫合下襬線

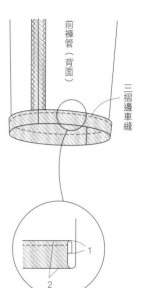

前褲管（背面）
三摺邊車縫

1
2

6 縫合股上線

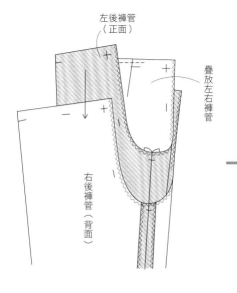

左後褲管（正面）
疊放左右褲管
右後褲管（背面）

左前褲管（背面）
右後褲管（背面）
重複車縫2次

7 摺疊前片的褶襉

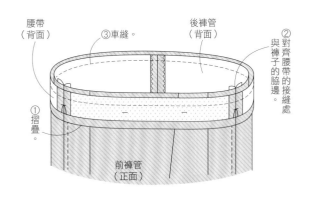

③對齊前中心線。
0.5
④以車縫進行疏縫。
①燙開縫份。
②於Ⓐ的位置摺疊褶襉。
脇邊
脇邊
右前褲管（正面）
左前褲管（正面）

腰帶（背面）
③車縫。
後褲管（背面）
②與齊腰帶的接縫處對齊褲子的脇邊。
①摺疊。
前褲管（正面）

8 製作並接縫腰帶

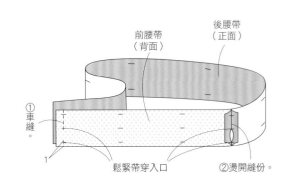

前腰帶（背面）
後腰帶（正面）
①車縫。
1
鬆緊帶穿入口
②燙開縫份。

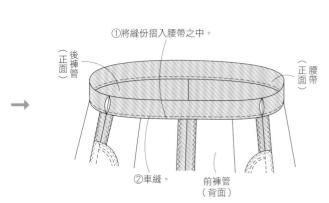

①將縫份摺入腰帶之中。
後褲管（正面）
腰帶（正面）
②車縫。
前褲管（背面）

9 接縫腰帶耳 （僅限作品No. 20）

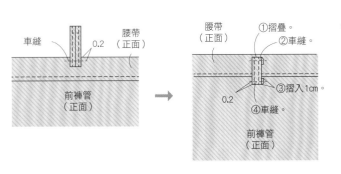

車縫
0.2
腰帶（正面）
前褲管（正面）

腰帶（正面）
①摺疊。
②車縫。
③摺入1cm。
0.2
④車縫。
前褲管（正面）

11 縫製完成

10 於後片穿入鬆緊帶 （參照P.75）

no.20
no.19

材 料		S	M	L	LL
表布（靛藍染混紡斜紋粗棉布）	112cm寬	2m20cm	2m30cm	2m40cm	2m40cm
黏著襯（日本VILENE FV-2N）	10cm寬	50cm	50cm	50cm	50cm
鬆緊帶	2.5cm寬	40cm	40cm	40cm	50cm
完成尺寸	褲長	86cm	89.5cm	93cm	94cm

數字的標記
S SIZE
M SIZE
L SIZE
LL SIZE
僅標示1個數字時
表示各尺寸通用

❧ 關於紙型 ❧

◆原寸紙型：使用C面No. 19。

＊使用部件：前腰帶・後腰帶・左前褲管・右前褲管・後褲管・袋布。

＊紙型不含縫份。

❧ 紙型 ❧

的部件附有原寸紙型。

※作法請參照P.45至46。

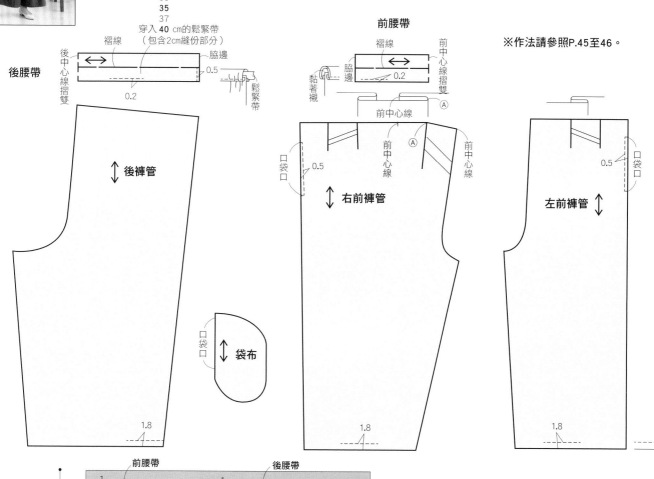

33
35
37
穿入 40 cm的鬆緊帶
（包含2cm縫份部分）

褶線
後中心線摺雙
脇邊
0.5
0.2
鬆緊帶

後腰帶

後褲管

前腰帶
褶線
前中心線摺雙
脇邊
0.2
黏著襯
前中心線
(A)
(A)
口袋口
0.5
右前褲管

左前褲管
0.5
口袋口

口袋口
袋布

1.8
1.8
1.8

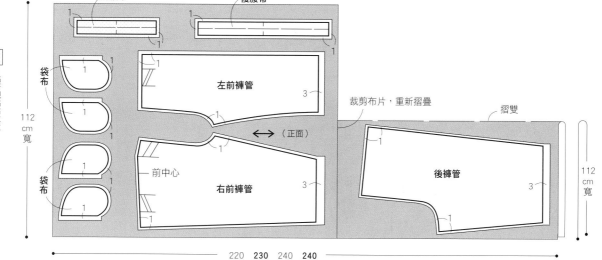

❧ 表布的裁布圖 ❧

□＝黏著襯黏貼位置

前腰帶
後腰帶
袋布
左前褲管
3
裁剪布片，重新摺疊
摺雙
（正面）
前中心
右前褲管
3
後褲管
3
112cm寬
112cm寬

220 **230** 240 **240**

腰間荷葉邊寬褲

21

帶有分量感的寬版輪廓的寬褲,腰間的荷葉邊為視覺重點。使用質地輕盈的天絲混紡棉質素材製作。

腰部縫入了一圈寬版的鬆緊帶。由於側邊有以線環縫製的腰帶耳,因此就算綁上蝴蝶結也令人安心。

作法 🍁 P.50
布料／布地のお店sol pano
製作／長島望

褶襉寬褲

腰間抽拉褶襉，分量感十足的寬褲。藏青色的底布上綴以米白色花朵圖案，平日和度假時穿著都ok！

腰部縫入了一整圈的鬆緊帶。

22

作法 ❦ P.52

布料／KOKKA（IG-25010-1D）

製作／長島望

材 料		S	M	L	LL
表布（天絲棉混紡布）	144cm寬	2m90cm	2m90cm	3m	3m10cm
鬆緊帶	4cm寬	70cm	80cm	80cm	90cm
完成尺寸	褲長	92.1cm	95.8cm	99.1cm	100.1cm

❦ 關於紙型 ❧

◆原寸紙型：使用D面No. 21。

＊使用部件：腰帶・前褲管・後褲管。

＊緞帶未附原寸紙型，請直接進行製圖。

＊紙型・製圖不含縫份。

＊由於後褲管與腰帶分為兩片紙型，因此請依
　記號對齊紙型。

◯ 的部件附有原寸紙型。

❦ 紙型・製圖 ❧

＊前褲管的褶襉不摺疊，直接製作。

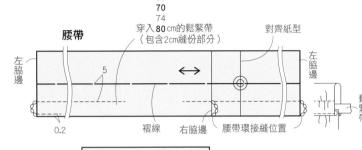

腰帶

66
70
74

穿入**80**cm的鬆緊帶
（包含2cm縫份部分）

對齊紙型

左脇邊　　左脇邊

鬆緊帶

5

0.2　　褶線　　右脇邊　　腰帶環接縫位置

後褲管

對齊紙型

2.8

前褲管

2.8

縱書：表布的裁布圖

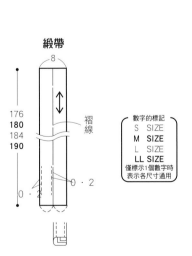

緞帶

8

176
180
184
190

褶線

0・2　　0・2

數字的標記
S　SIZE
M　SIZE
L　SIZE
LL SIZE
僅標示1個數字時
表示各尺寸通用

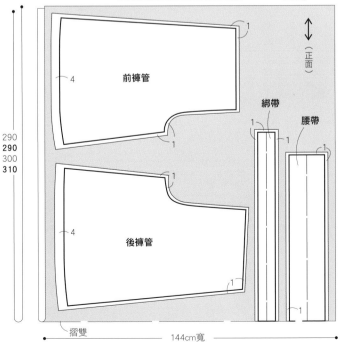

290
290
300
310

4　前褲管　1

1

1

綁帶

腰帶

（正面）

1

1　1

4　後褲管

1

摺雙　　　144cm寬

◆ 作法 ◆ ※於開始縫製前，於脇線、股上線、股下線上進行Z字形車縫。

1 製作綁帶（參照P.4）

2 縫合脇線・股下線（參照P.53）

3 縫合下襬線（參照P.53）

4 縫合股上線（參照P.53）

5 製作腰帶

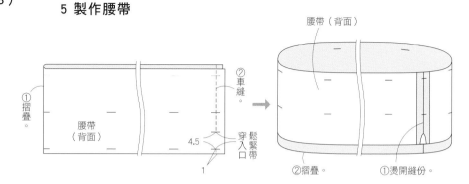

6 接縫腰帶

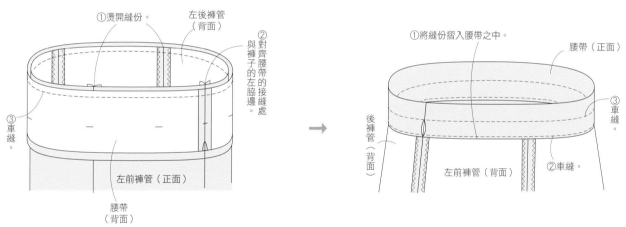

9 縫製完成

7 穿入鬆緊帶

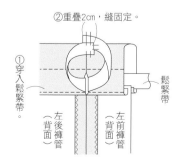

8 接縫腰帶耳

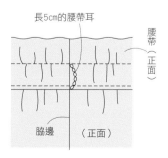

※腰帶耳的作法請參照P.20。

材　料		S	M	L	LL
表布（棉質印花布）	110cm寬	2m90cm	2m90cm	3cm	3m10cm
鬆緊帶	3cm寬	70cm	80cm	80cm	90cm
完成尺寸	褲長	86.1cm	89.8cm	93.1cm	94.1cm

❀ **關於紙型** ❀

◆原寸紙型：使用D面No.22。

＊使用部件：腰帶‧前褲管‧後褲管。

＊紙型不含縫份。

＊由於後褲管與腰帶分為兩片紙型，因此請依記號對齊紙型。

⬭ 的部件附有原寸紙型。

❀ **紙型** ❀

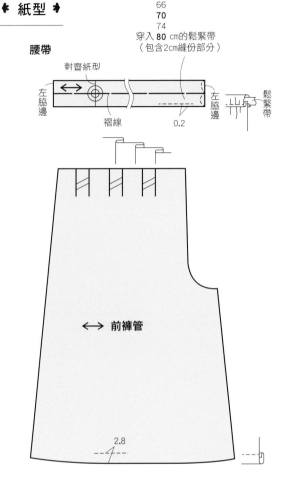

腰帶

66
70
74
穿入 80 cm的鬆緊帶
（包含2cm縫份部分）

```
數字的標記
S  SIZE
M  SIZE
L   SIZE
LL SIZE
僅標示1個數字時
表示各尺寸通用
```

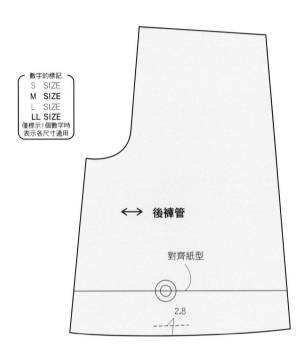

❀ **作法** ❀

※於開始縫製前，於脇線、股上線、股下線進行Z字形車縫。

1 摺疊褶襉

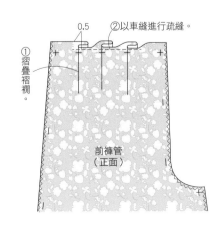

①摺疊褶襉。

②以車縫進行疏縫。

0.5

前褲管（正面）

表布的裁布圖

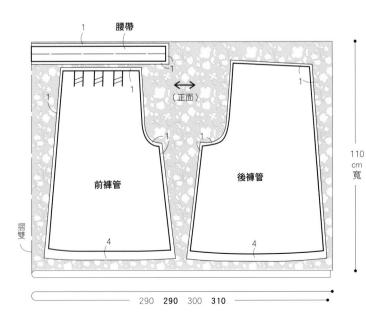

290　**290**　300　310

2 縫合脇線與股下線

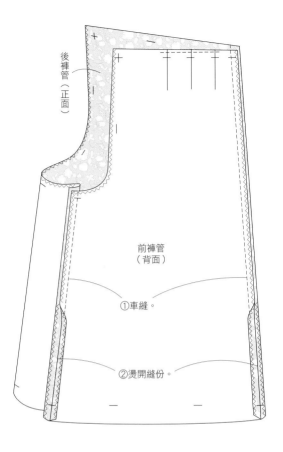

後褲管（正面）

前褲管（背面）

①車縫。

②燙開縫份。

3 縫合股上線

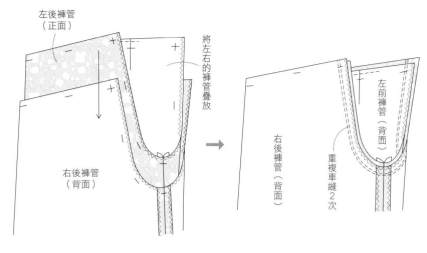

左後褲管（正面）

將左右的褲管疊放

右後褲管（背面）

右後褲管（背面）

左前褲管（背面）

重複車縫2次

4 縫合下襬線

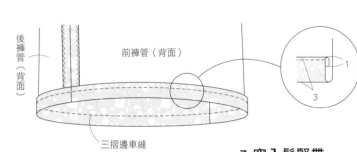

後褲管（背面）

前褲管（背面）

三摺邊車縫

1

3

5 製作腰帶

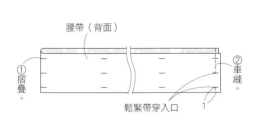

腰帶（背面）

①摺疊。

②車縫。

鬆緊帶穿入口

1

腰帶（正面）

②摺疊。

①燙開縫份。

6 接縫腰帶

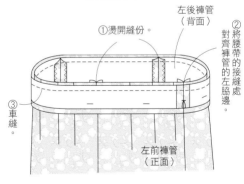

左後褲管（背面）

①燙開縫份。

②將腰帶的接縫處對齊褲管的左脇邊。

③車縫。

左前褲管（正面）

①將縫份摺入腰帶之中。

腰帶（正面）

②車縫。

左後褲管（背面）

左前褲管（背面）

7 穿入鬆緊帶

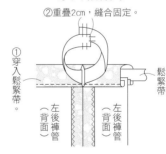

②重疊2cm，縫合固定。

①穿入鬆緊帶。

鬆緊帶

左後褲管（背面）

左後褲管（背面）

8 縫製完成

寬褲 A

於前方的腰間並無縫入鬆緊帶，因此外形顯得俐落大方。帶有絲綢般的天絲素材，很適合大人的休閒風格。

23

作法 ❧ P. 56

布料／布地のお店sol pano
製作／加藤容子

僅於腰部的後方添加鬆緊帶。

耳環／MDM　套頭罩衫／prit　鞋子／TALANTON by DIANA（DIANA 銀座本店）

寬褲
B

將作品 *No.23* 的尺寸
加長的寬褲。使用穿著時
不必擔心起皺問題的聚酯
纖維點點印花布製作而
成，也推薦旅行出遊時穿
著。

作法 ❧ P.56
布料／ヨーロッパ服地のひでき
製作／加藤容子

24

材　料		S	M	L	LL
No. 23表布(天絲丹寧布)	147cm寬	2m10cm	2m20cm	2m30cm	2m30cm
No. 24表布(聚酯纖維印花布)	112cm寬	2m80cm	2m80cm	2m80cm	3m
黏著襯(日本VILENE FV-2N)	10cm寬	50cm	50cm	50cm	50cm
鬆緊帶	3cm寬	40cm	40cm	40cm	50cm
完成尺寸　No. 23褲長		69.6cm	72.5cm	75.4cm	76.4cm
No. 24褲長		81cm	84.5cm	88cm	89cm

❧ 關於紙型 ❧

◆原寸紙型：使用B面No. 23．No. 24。

＊使用部件：前腰帶・後腰帶・前褲管・後褲管・袋布。

＊紙型不含縫份。

❧ 紙型 ❧

⬭ 的部件附有原寸紙型。

數字的標記
S　SIZE
M　SIZE
L　SIZE
LL SIZE
僅標示1個數字時
表示各尺寸通用

33
35
37
穿入 **40** cm的鬆緊帶
(包含2cm縫份部分)

後腰帶　後中心線摺雙　0.5　褶線　0.2　脇邊　鬆緊帶

前腰帶　褶線　黏著襯　0.2　脇邊　前中心線摺雙

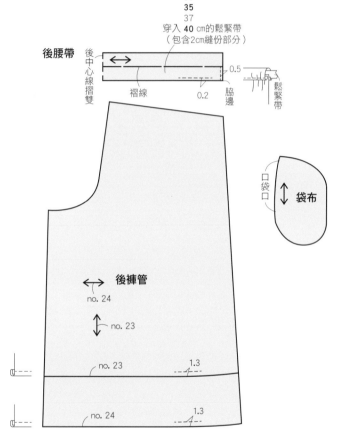

後褲管　no. 24　no. 23　no. 23　1.3　no. 24　1.3

口袋口　↕ **袋布**

口袋口　0.5　no. 24　**前褲管**　no. 23　1.3　no. 23　1.3　no. 24

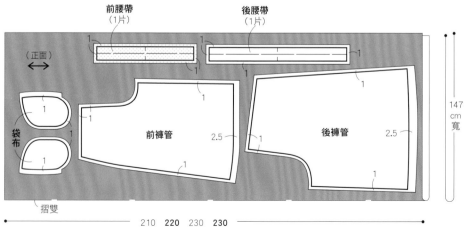

前腰帶(1片)　後腰帶(1片)　(正面)　袋布　前褲管　2.5　後褲管　2.5　摺雙

147 cm 寬

210 **220** 230 **230**

1 製作口袋，縫合脇線
（參照P. 72）

2 縫合股下線

3 縫合下襬線（參照P.83）

4 縫合股上線（參照P.53）

5 製作並接縫腰帶

前腰帶
（背面）

後腰帶
（正面）

①車縫。

鬆緊帶穿入口

②燙開縫份。

1

後褲管
（背面）

③車縫。

②對齊腰帶的接縫處與褲子的脇邊。

①摺疊

前褲管
（正面）

前腰帶
（背面）

後褲管
（正面）

（正面）後褲管

①車縫。

前褲管
（背面）

②燙開縫份。

①將縫份摺入腰帶之中。

（正面）後褲管

後腰帶
（正面）

②車縫。

前褲管
（背面）

6 於後片穿入鬆緊帶
（參照P.75）

7 縫製完成

no. 23

no. 24

24
表布的裁布圖

袋布

= 黏著襯黏貼位置

前腰帶
（1片）

後腰帶

袋布

前褲管

後褲管

（正面）

2.5

2.5

112
cm
寬

摺雙

280 **280** 280 **300**

連身褲

25

作法 ❧ P.60

布料／清原
製作／加藤容子

寬鬆的輪廓中，散發出簡潔俐落的感覺，是因為選用結實耐用的棉麻素材之故。具有微妙色差的煙燻玫瑰色，則充滿了時尚元素。

26

27

想要多作幾款搭配服裝使用
的髮帶。*No.27* 是以小
碎花圖案、*No.26* 則以
針織布料製作而成。

作法 ❧ P.63

製作／吉田みか子

材 料		S	M	L	LL
表布（半亞麻綾織布）	110cm寬	3m90cm	4m	4m10cm	4m20cm
黏著襯（日本VILENE FV-2N）	112cm寬	50cm	50cm	50cm	50cm
鬆緊帶	2.5寬	50cm	50cm	50cm	50cm
完成尺寸	總長	1m19.5cm	1m23.5cm	1m27.5cm	1m29.5cm

◆ 紙型 ◆

 的部件附有原寸紙型。

◆ 關於紙型 ◆

◆原寸紙型：使用D面No. 25。

＊使用部件：前片・後片・前貼邊・後貼邊・
　前褲管・後褲管・袋布。

＊紙型不含縫份。

數字的標記
S　SIZE
M　SIZE
L　SIZE
LL　SIZE
僅標示1個數字時
表示各尺寸通用

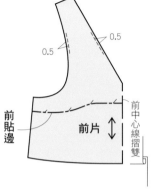

黏著襯

39
42
43

穿入 **44** cm的鬆緊帶
（包含3cm縫份部分）

後中心線摺雙　後片　後貼邊

前貼邊　前片　前中心線摺雙

口袋口　袋布

←→ 後褲管

1.3

口袋口

←→ 前褲管

1.3

◆ 表布的裁布圖 ◆

▨ =黏著襯黏貼位置

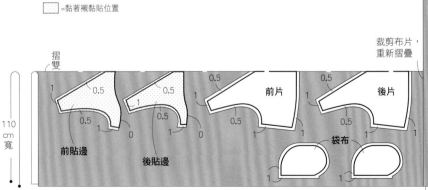

摺雙

110cm寬

前貼邊　後貼邊　前片　後片　袋布

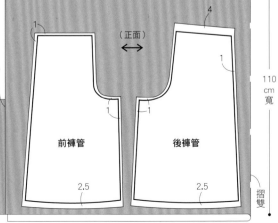

裁剪布片，
重新摺疊

（正面）

前褲管　後褲管

110cm寬

2.5　2.5

摺雙

390　**400**　410　**420**

※於開始縫製前，黏貼上黏著襯，並於貼邊、腰線、脇線、股上線、股下線、袋布上進行Z字形車縫。

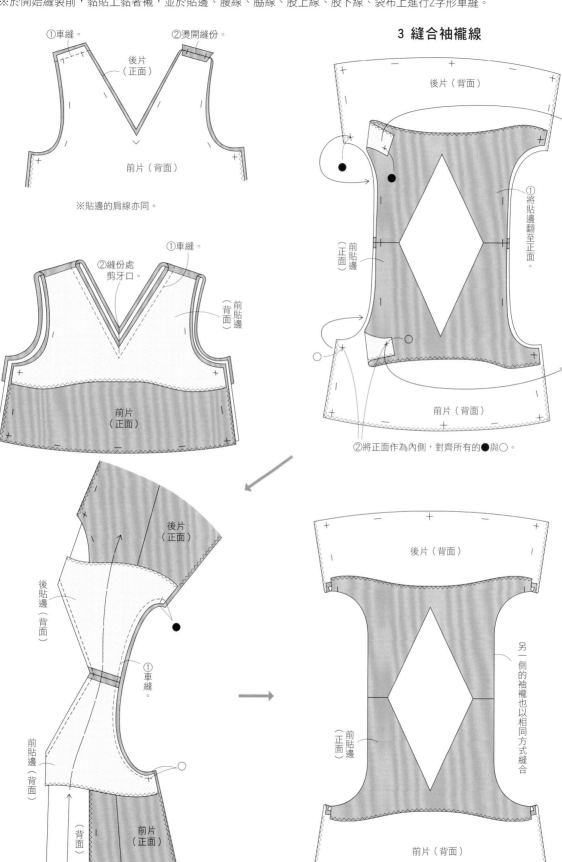

1 縫合肩線

①車縫。　②燙開縫份。

後片（正面）

前片（背面）

※貼邊的肩線亦同。

2 縫合領圍線

①車縫。

②縫份處剪牙口。

前貼邊（背面）

前片（正面）

後片（正面）

後貼邊（背面）

①車縫。

前貼邊（背面）

（背面）

前片（正面）

②翻至正面。

3 縫合袖襱線

後片（背面）

前貼邊（正面）

①將貼邊翻至正面。

②將正面作為內側，對齊所有的●與○。

後片（背面）

前貼邊（正面）

前片（背面）

另一側的袖襱也以相同方式縫合

前片（背面）

4 縫合脇線

前貼邊（背面）
後貼邊（正面）
①掀開貼邊車縫。
②燙開縫份。
前片（背面）

5 縫合領圍與袖襱

車縫
前片（正面）

6 製作口袋，縫合脇線（參照P.72）

7 縫合股下線

後褲管（正面）
前褲管（背面）
①車縫。
②燙開縫份。

後片（正面）
脇線
前片（正面）
②車縫。
後褲管（正面）
前褲管（正面）
①將縫份倒向身片側。

8 縫合下襬線（參照P.83）

9 縫合股上線（參照P.53）

10 縫合身片與褲子

車縫
前片（背面）
後褲管（背面）
前褲管（背面）

11 穿入鬆緊帶

脇線
前片（背面）
後片（背面）
脇線
前片（背面）
①穿入鬆緊帶。
②車縫。
後褲管（背面）
0.5
1.5
1.5

12 縫製完成

前片

後片

材料

No. 26表布（棉質印花布）	60cm寬	40cm
No. 27表布（針織布）	60cm寬	40cm
鬆緊帶	1cm寬	20cm

✦ 關於紙型 ✦

◆未附原寸紙型，請直接進行製圖。
＊製圖不含縫份。

✦ 表布的裁布圖 ✦

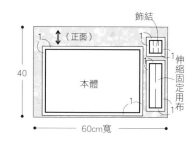

✦ 製圖 ✦

伸縮固定用布
全體穿入12cm的鬆緊帶
（包含2cm縫份部分）
褶線
5
20
0.2
鬆緊帶

飾結
1.5　1.5
6
6
褶線
3

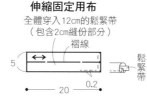
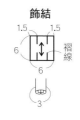

28
本體
14
43

✦ 作法 ✦

1 製作本體

①摺疊。
本體（背面）
②車縫。

①燙開縫份。
②翻至正面，將接縫處作為中央。
③以手縫將兩側縫合一圈。
④拉緊縫線，抽拉細褶。
0.5
本體（正面）
2.3

2 製作伸縮固定用布

①摺疊。
伸縮固定用布（背面）
②車縫。
③燙開縫份。
①翻至正面，將接縫處作為中央。
②將兩側的縫份摺入。
伸縮固定用布（正面）

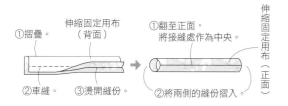

3 將鬆緊帶接縫於本體上

①放入長12cm的鬆緊帶。
②將鬆緊帶作止縫。
本體（正面）
1
1

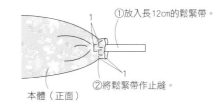

4 縫合伸縮固定用布與本體

①穿入伸縮固定用布。
（正面）
1
1
本體（正面）
②將鬆緊帶放入另一側，作止縫。

①覆蓋於縫份上。
②車縫。
0.2　伸縮固定用布（正面）
本體（正面）

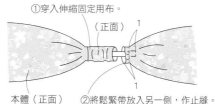

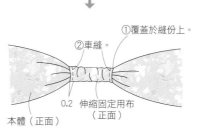

5 製作飾結

①摺疊。
②車縫。
（背面）
燙開縫份
飾結（背面）
翻至正面，將接縫處作為中央
（正面）

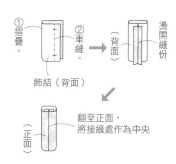

6 縫製完成

接縫飾結

纏繞於中央處之後，於背面側藏針縫

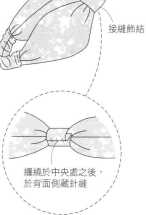

裝飾腰帶

28

容易作為搭配造型的灰色裝飾腰帶，是以深具柔軟素材感的合成皮革製作而成。只需要纏繞於腰上，即可完成當季最in的造型。

作法 ❧ P.65

布料／渡邊布帛工業

製作／金丸かほり

也相當適合與鮮豔色系作搭配的灰色裝飾腰帶。於 P.26 的造型中進行搭配。

耳環／MDM
上衣／studio CLIP（Adastria）
裙子／P.26的No.11作品

在此組合了冷色調的配色裝束。於 P.42 的造型中進行搭配。

耳環／MDM
上衣／DO！FAMILY原宿本店
裙子／P26的No.11作品

材料

表布（合成皮革 ＃5000 Mayfair Ⓡ ）　92cm寬　70cm

◆ **關於紙型** ◆

◆原寸紙型：使用C面No.28。
＊使用部件：前片・綁帶。
＊紙型不含縫份。

◆ **紙型** ◆

⬭ 的部件附有原寸紙型。

◆ **表布的裁布圖** ◆

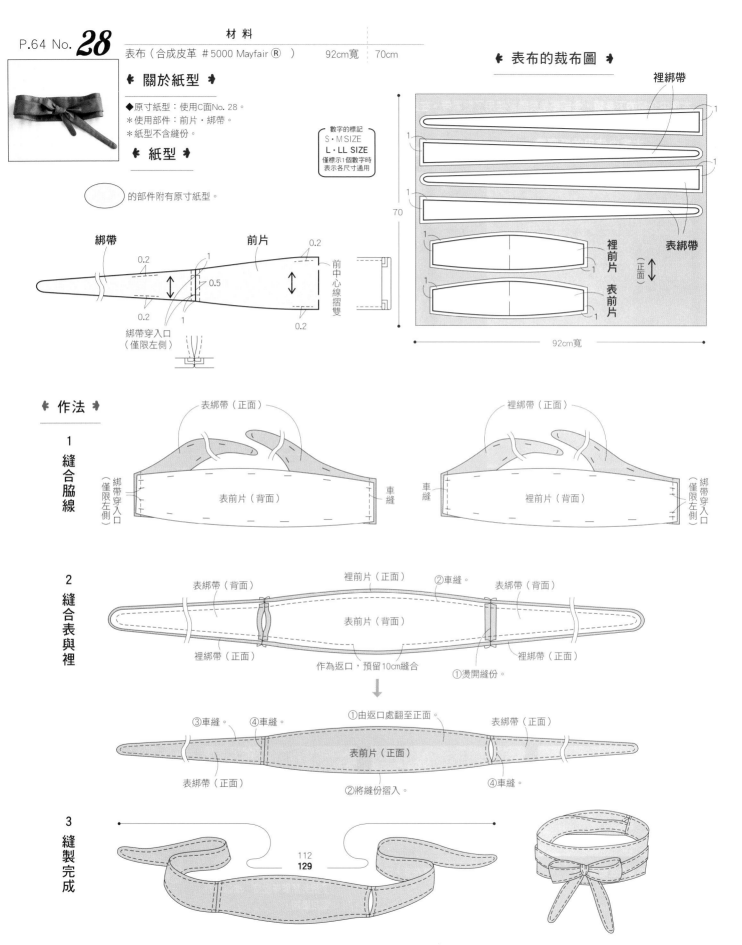

裡綁帶

數字的標記
S・M SIZE
L・LL SIZE
僅標示1個數字時
表示各尺寸通用

70

綁帶

前片

0.2

前中心線摺雙

0.2

1

0.5

0.2

1

0.2

綁帶穿入口
（僅限左側）

裡綁帶
表綁帶
裡前片
表前片

正面

92cm寬

◆ **作法** ◆

1 縫合脇線

表綁帶（正面）

裡綁帶（正面）

綁帶穿入口
（僅限左側）

表前片（背面）

車縫

車縫

裡前片（背面）

綁帶穿入口
（僅限左側）

2 縫合表與裡

表綁帶（背面）

裡前片（正面）

②車縫。

表綁帶（背面）

裡綁帶（正面）

表前片（背面）

裡綁帶（正面）

作為返口，預留10cm縫合

①燙開縫份。

③車縫。

④車縫。

①由返口處翻至正面。

表綁帶（正面）

表前片（正面）

表綁帶（正面）

②將縫份摺入。

④車縫。

3 縫製完成

112
129

65

腰部鬆緊帶製作重點

本書中介紹的下身類，全部都是於腰部使用了鬆緊帶。在此介紹縫製腰身部分時需要注意的重點。

本書中使用的鬆緊帶

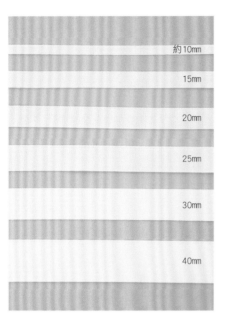

約10mm

15mm

20mm

25mm

30mm

40mm

本書共使用6種寬度的鬆緊帶。依照設計的差異，所使用的鬆緊帶寬度也會隨之不同。

如虎添翼的裁縫工具

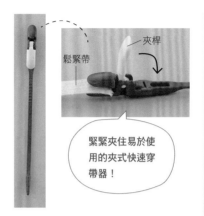

夾桿

鬆緊帶

緊緊夾住易於使用的夾式快速穿帶器！

快速穿帶器（夾式）／可樂牌Clover

在穿入15mm以上等寬幅較大的鬆緊帶時，非常方便好用。使用強力夾緊緊夾住後，輕鬆快速地穿過。

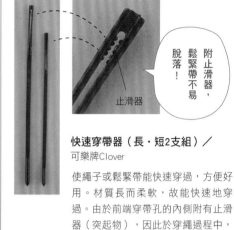

附止滑器，鬆緊帶不易脫落！

止滑器

快速穿帶器（長・短2支組）／可樂牌Clover

使繩子或鬆緊帶能快速穿過，方便好用。材質長而柔軟，故能快速地穿過。由於前端穿帶孔的內側附有止滑器（突起物），因此於穿繩過程中，鬆緊帶自然不容易脫落。

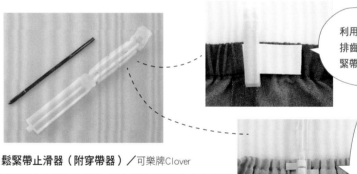

利用呈鋸齒狀的排齒緊緊咬住鬆緊帶。

穿兩排以上的鬆緊帶時，也能輕鬆愉快！附有同時可夾住兩條並排鬆緊帶的邊夾。

鬆緊帶止滑器（附穿帶器）／可樂牌Clover

可緊緊夾住鬆緊帶前端，防止鬆緊帶縮入穿帶孔的便利止滑器。

鬆緊帶穿入法

基本的鬆緊帶穿入法

1 以穿帶器夾住鬆緊帶。

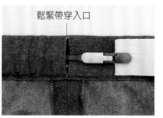

鬆緊帶穿入口

2 將穿帶器穿入鬆緊帶穿入口，開始穿過去。

3 待鬆緊帶穿至某個程度時，為了避免鬆緊帶脫落，故以珠針固定邊端。

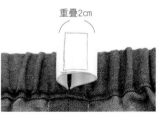

重疊2cm

4 待穿完鬆緊帶之後，邊端重疊2cm，以縫紉機車縫。

腰身部分的縫製方法

二摺邊車縫收邊的情況

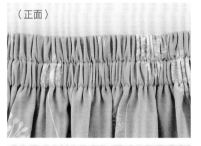

（正面）

（背面）

由於是接續本體進行裁剪，因此裁剪上可以較少的片數來解決，布端僅以Z字形車縫進行處理，所以縫製上相當簡單。

三摺邊車縫收邊的情況

（正面）

（背面）

由於是接續本體進行裁剪，因此裁剪上可以較少的片數來解決，布端僅以Z字形車縫進行處理，所以縫製上相當簡單。

將腰帶另行裁剪的情況

（正面）

（背面）

建議於運用褶襉或活用花樣時使用。

於腰帶上接縫荷葉邊的情況

只要平行於褶線進行車縫，再穿入鬆緊帶，腰身的邊端就會呈現出如同荷葉邊般的樣子。

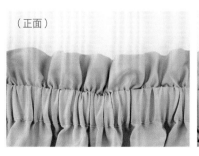

（正面）

（背面）

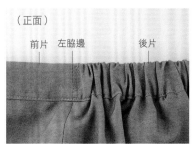

僅限後片穿入鬆緊帶的情況

想要使前片看起來更為簡潔俐落時會推薦的縫製方法。

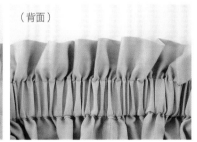

（正面）　前片　左脇邊　後片

（背面）　後片　左脇邊　前片

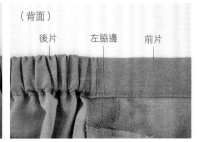

原 寸 紙 型 使 用 方 法

1. 剪開原寸紙型
◆由切開線剪開原寸紙型。
◆確認打算製作的作品編號紙型究竟是以哪一條線作標示？分為幾片？

2. 描畫於別張紙上
◆描畫於別張紙上使用。描畫方式分別有以下兩種方法。

＜描畫於不透明的紙張時＞

將紙型置於描圖紙的上方。
將複寫紙夾在中間，並以波浪點線器勾勒出紙型的線條，描畫出輪廓。

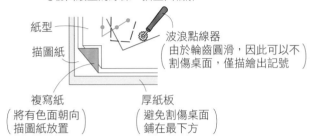

紙型
描圖紙
波浪點線器
（由於輪齒圓滑，因此可以不割傷桌面，僅描繪出記號）
複寫紙
（將有色面朝向描圖紙放置）
厚紙板
（避免割傷桌面鋪在最下方）

＜描畫於透明的紙張時＞

於紙型的上方，置放上描畫的透明紙（描圖紙、牛皮紙等），再以鉛筆臨摹。

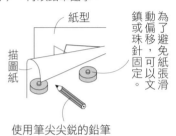

紙型
描圖紙
為了避免紙張滑動或偏移，可以文鎮或珠針固定。
使用筆尖尖銳的鉛筆

＜描畫紙型時的應注意事項＞

「合印記號」、「接縫位置」、「止縫點」、「布料紋路（直布紋）」等處也不要忘記標記，部件的「名稱」也請書寫上去。

3. 預留縫份，裁剪紙型
◆由於紙型不含縫份，因此請依照作法頁的指示，預留縫份。

預留縫份時的應注意事項

・縫合處的縫份作相同的寬幅。
・平行於完成線來附加縫份。
・延長來添加縫份時，請將描圖紙留白，並將縫份反摺之後再行裁剪，可避免縫份不足。（參照範例）
・依照布料素材的性質（厚度、伸縮程度）或縫製方法等差異，縫份亦有所不同。

剪開之後，確認部件名稱或布料紋路等標記是否有遺漏。

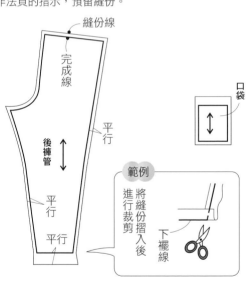

縫份線
完成線
後褲管
平行
平行
平行
口袋
範例
將縫份摺入後進行裁剪
下襬線

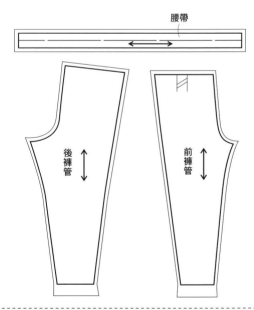

腰帶
後褲管
前褲管

4. 將紙型配置於布片上方，裁剪布片
◆試著將必要的紙型置放於布的上方。
此時，一邊注意布片的摺法、紙型的布料紋路（布紋）方向等，一邊進行配置，避免使布片滑動來進行裁剪。

如果沒有大桌子，請以能攤開布片的空間來進行裁剪。

請先試著將紙型全部放上去後，再考量配置。

布料紋路的方向（亦稱為布紋，意指布料的平織紋路）。
將布料紋路的方向與附於紙型上的布料紋路（←→）方向對齊後，事先置放上紙型。

一旦於裁剪時移動布片，布片就會移位，因此應移動身體逐一裁剪。

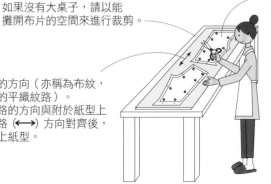

於開始製作之前

尺寸表（裸體尺寸）

（單位cm）

部位＼尺寸	S	M	L	LL
腰圍	62	66	70	76
臀圍	88	90	94	98
股上長	25	26	27	28
股下長	62	65	68	68
衣長	153	158	163	165

完成尺寸的標示

◆裙子
裙長（亦包含腰帶）
前片

連身褲
總長
前片

製圖記號

────	完成線（粗指示線）	⟷	布紋方向（依箭頭方向通過直布紋）
────	定位線（細指示線）	⌣⌣	等分線（有時也作上表示相同尺寸線的記號）
─ ─ ─	摺雙裁切線 褶線	● ○ × △ ● ※ ★ etc.	紙型同尺寸合併記號（形狀並無固定）
─ · ─ · ─	貼邊線		
○	鈕釦記號		
I	釦眼記號		
⊖	對接記號		表示褶襉・細褶的摺疊方法（由斜線的高處往低處摺疊布片）

裁布圖的看法

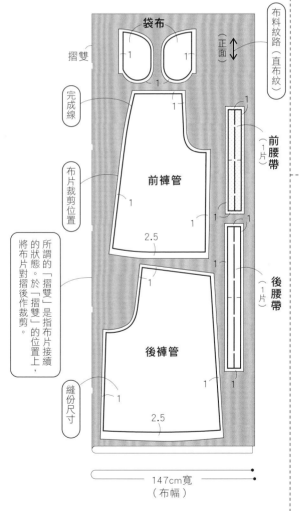

袋布
摺雙
完成線
布片裁剪位置
前褲管
2.5
後褲管
2.5

所謂的「摺雙」是指將布片對摺後作裁剪。於「摺雙」的位置上，將布片對摺後作裁剪。

縫份尺寸

布料紋路（直布紋）
（正面）
前腰帶（1片）
後腰帶（1片）

147cm寬（布幅）

※紙型的配置會依尺寸而有所差異，因此請於開始裁剪之前，先進行所有部件的配置，予以確認之後，再行裁剪。

布紋的方向

直布紋…織布時的經紗方向。平行於布邊。

橫布紋…織布時的緯紗方向。平行於布寬。

斜布紋…相對於布的直布紋，呈45°斜角的方向。最具伸縮彈性。

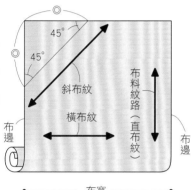

45°
45°
斜布紋
橫布紋
布料紋路（直布紋）
布邊
布邊
布寬

記號的作法

兩片一起進行裁剪的情況
於布片之間（背面）夾入雙面複寫紙，並以波浪點線器描畫出完成線，也不要忘記添加合印記號或口袋接縫位置。

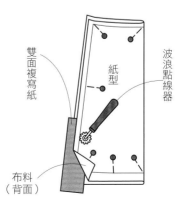

雙面複寫紙
紙型
波浪點線器
布料（背面）

以一片布進行裁剪的情況
將布的背面與單面複寫紙的有色面疊合後，以波浪點線器描畫出完成線。

黏著襯的黏貼方法

請勿使熨斗滑動，一邊重疊半邊，一邊避免產生空隙地移動熨斗之後，以按壓方式整燙。

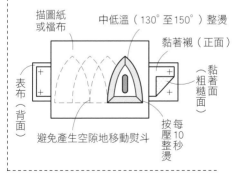

描圖紙或襯布
中低溫（130°至150°）整燙
黏著襯（正面）
表布（背面）
黏著襯（背面、粗糙面）
避免產生空隙地移動熨斗
按每10秒整燙

縫紉機車縫

始縫點與止縫點，為了防止接縫處綻開，故進行回針縫。回針縫是將相同車針目的上方重疊兩至三次縫合。

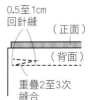

0.5至1cm回針縫
（正面）
（背面）
重疊2至3次縫合

流程解說

P.10 No.**5** 🌿 一起製作2WAY
褶襇A字裙

材 料		S	M	L	LL
表布（先染棉／麻結平織布系列）	108cm寬	2m40cm	2m50cm	2m50cm	2m60cm
黏著襯（日本VILENE FV-2N）	10cm寬	50cm	50cm	50cm	50cm
鬆緊帶	2.5cm寬	40cm	40cm	40cm	50cm
鈕釦	1.5cm寬	4顆	4顆	4顆	4顆

◆ 關於紙型 ◆

◆原寸紙型：使用B面No.5。

＊使用部件：前腰帶・後腰帶・前裙片・後裙片・袋布。

＊吊帶未附原寸紙型，請直接進行製圖。

＊紙型・製圖不含縫份。

數字的標記
S SIZE
M SIZE
L SIZE
LL SIZE
僅標示1個數字時
表示各尺寸通用

◆ 紙型・製圖 ◆ ⬭ 的部件附有原寸紙型。

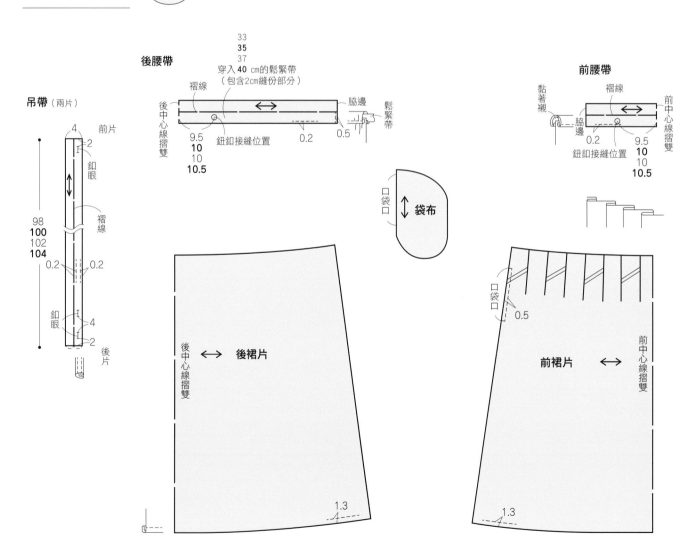

表布的裁布圖

□＝黏著襯黏貼位置

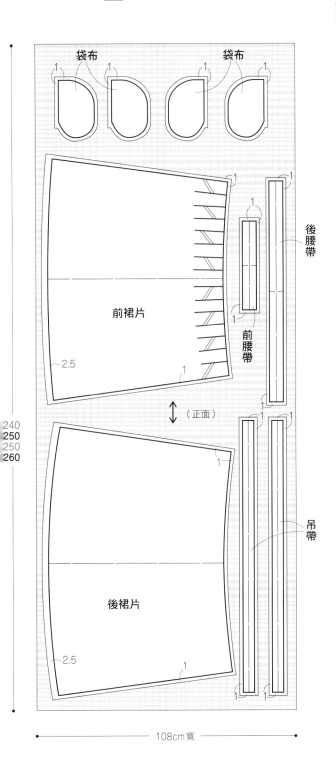

袋布　　　　　　袋布

後腰帶

前腰帶

2.5

（正面）

前裙片

後裙片

2.5

240
250
250
260

108cm寬

材料

※為了更淺顯易懂，因此更換材料顏色或
素材進行解說。

 1

 2

 3

4

5

1 表布
2 黏著襯
3 鬆緊帶
4 車縫線
5 鈕釦

裁剪・縫份收邊的處理方法

※預留裁布圖的縫份後，裁剪布片。
※於裁剪布邊進行Z字形車縫。
（袋布・脇線）

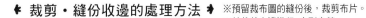

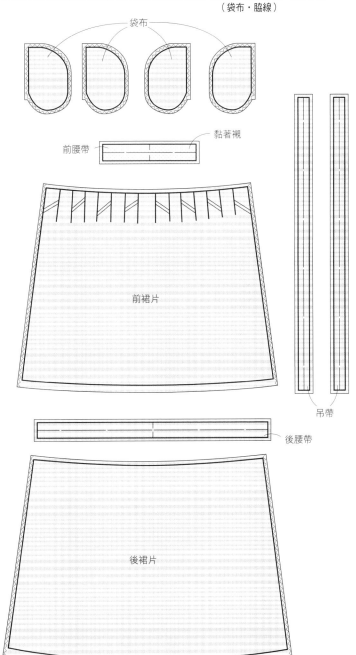

袋布

前腰帶　　　　　黏著襯

前裙片

吊帶

後腰帶

後裙片

71

1 製作吊帶

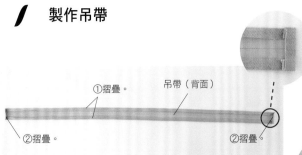

①摺疊。
吊帶（背面）
②摺疊。
②摺疊

1 摺疊吊帶的縫份。

①摺疊。
③製作釦眼。
②車縫。
吊帶（正面）

2 將吊帶對摺，以縫紉機車縫周圍，製作釦眼。

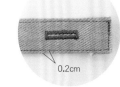

0.2cm

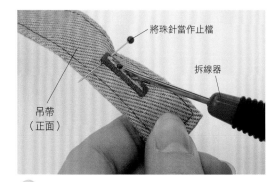

將珠針當作止檔
拆線器
吊帶（正面）

3 以拆線器開釦眼。

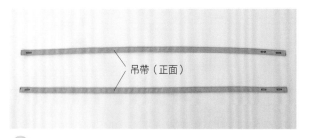

吊帶（正面）

4 製作2條。

2 製作口袋，縫合脇線

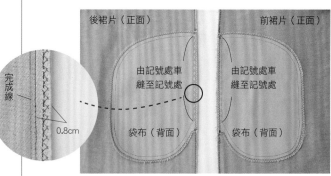

後裙片（正面）
前裙片（正面）
由記號處車縫至記號處
由記號處車縫至記號處
完成線
0.8cm
袋布（背面）
袋布（背面）

1 將裙片與袋布的所有正面疊合後，以縫紉機將袋布車縫固定。

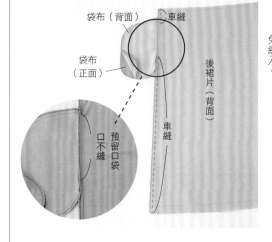

袋布（背面）
車縫
袋布（正面）
後裙片（背面）
預留口袋
口不縫
車縫

2 將前裙片與後裙片的所有正面疊合後，以縫紉機車縫脇線。袋布請事先拉出，以避免縫入。

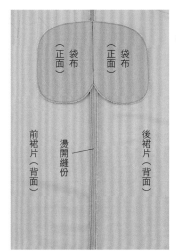

袋布（正面）
袋布（正面）
前裙片（背面）
燙開縫份
後裙片（背面）

3 以熨斗燙開縫份。

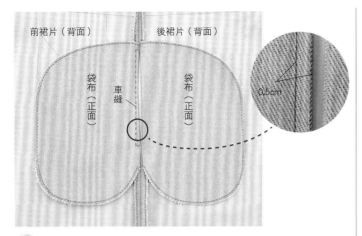

前裙片（背面）　　　後裙片（背面）

袋布（正面）　　車縫　　袋布（正面）

0.5cm

4 縫合口袋口。

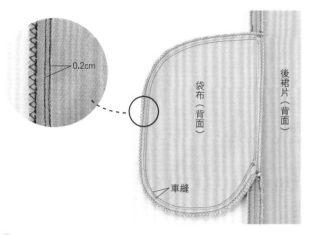

0.2cm

袋布（背面）　　後裙片（背面）

車縫

5 將袋布的所有正面疊合後，縫合周圍。

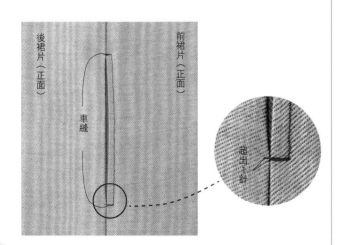

後裙片（正面）　　前裙片（正面）

車縫

超出小針

6 將口袋口的上下兩側穿至袋布，重疊2至3次
後，以縫紉機車縫。

3 摺疊褶襉

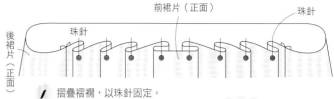

後裙片（正面）　　珠針　　前裙片（正面）　　珠針

1 摺疊褶襉，以珠針固定。

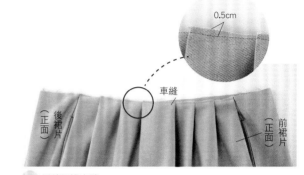

0.5cm

後裙片（正面）　　車縫　　前裙片（正面）

2 以縫紉機車縫。

4 縫合下襬線

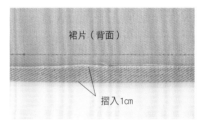

裙片（背面）

摺入1cm

1 將下襬的縫份以熨斗燙摺1cm。

裙片（背面）

於記號的位置摺疊

2 於完成線的記號位置摺疊。

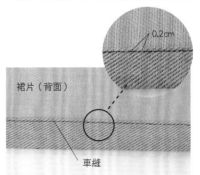

0.2cm

裙片（背面）

車縫

3 以縫紉機車縫。

5 製作並接縫腰帶

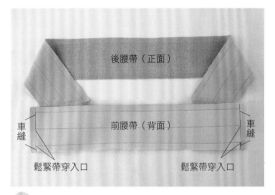

後腰帶（正面）

前腰帶（背面）

車縫　　　　　　　　　　　　　　　　車縫

鬆緊帶穿入口　　　　　　鬆緊帶穿入口

1 將前片與後片腰帶的所有正面疊合後，以縫紉機車縫。鬆緊帶穿入口預留不縫。

後腰帶（正面）

前腰帶（背面）

燙開縫份

2 以熨斗燙開縫份。

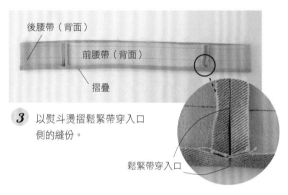

後腰帶（背面）

前腰帶（背面）

摺疊

鬆緊帶穿入口

3 以熨斗燙摺鬆緊帶穿入口側的縫份。

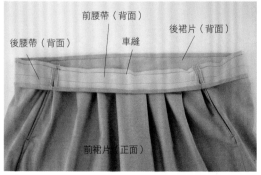

前腰帶（背面）

後腰帶（背面）　車縫　　後裙片（背面）

前裙片（正面）

4 將裙片與腰帶的所有正面疊合後，以縫紉機車縫。

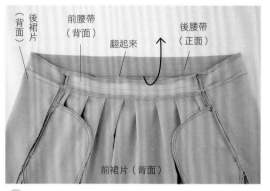

後裙片（背面）　前腰帶（背面）　後腰帶（正面）

翻起來

前裙片（背面）

5 將腰帶翻起來，以熨斗整燙。

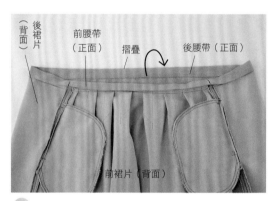

後裙片（背面）　前腰帶（正面）　摺疊　後腰帶（正面）

前裙片（背面）

6 於摺線摺疊腰帶，以熨斗整燙。

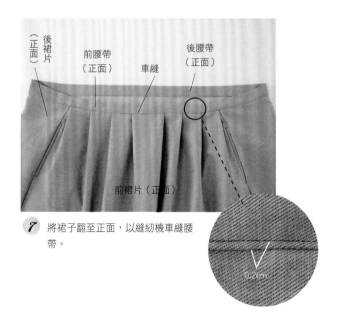

後裙片（正面）　前腰帶（正面）　車縫　後腰帶（正面）

前裙片（正面）

0.2cm

7 將裙子翻至正面，以縫紉機車縫腰帶。

6 於後片穿入鬆緊帶

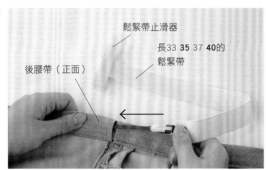

1 從鬆緊帶穿入口，使用鬆緊帶穿帶器（參照 P.66），於後腰帶穿入鬆緊帶。

鬆緊帶止滑器
後腰帶（正面）
長33 **35** 37 **40**的鬆緊帶

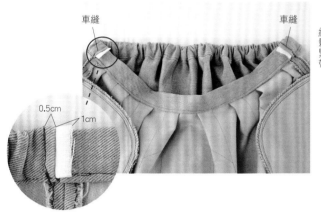

2 由腰帶的上側開始以縫紉機車縫鬆緊帶。

車縫
車縫

0.5cm
1cm

3 以錐子將鬆緊帶的縫份收入前腰帶之中。

前腰帶（正面）
錐子

4 以藏針縫縫合鬆緊帶穿入口。

前腰帶（正面）

7 接縫鈕釦

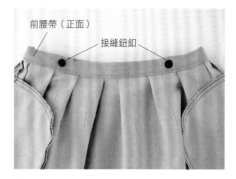

前腰帶（正面）
接縫鈕釦

於前片與後片的腰帶上接縫鈕釦。

後片腰帶（正面）
接縫鈕釦

8 縫製完成

裝上吊帶
前片
後片

材　料		S	M	L	LL
表布（8盎司丹寧布）	114cm寬	2m70cm	2m80cm	2m90cm	3m
鬆緊帶	3.5cm寬	70cm	80cm	80cm	90cm
D型環	內徑4cm	2個	2個	2個	2個
完成尺寸		裙長　69.4cm	72.5cm	76cm	77cm

✦ 關於紙型 ✦

◆原寸紙型：使用C面No. 10。

＊使用部件：腰帶・前裙片・後裙片・圍裏布。

＊腰帶、腰帶耳未附原寸紙型，請直接進行製圖。

＊紙型・製圖不含縫份。

數字的標記
S　SIZE
M　SIZE
L　SIZE
LL SIZE
僅標示1個數字時
表示各尺寸通用

◯（橢圓） 的部件附有原寸紙型。

✦ 表布的裁布圖 ✦

✦ 紙型・製圖 ✦

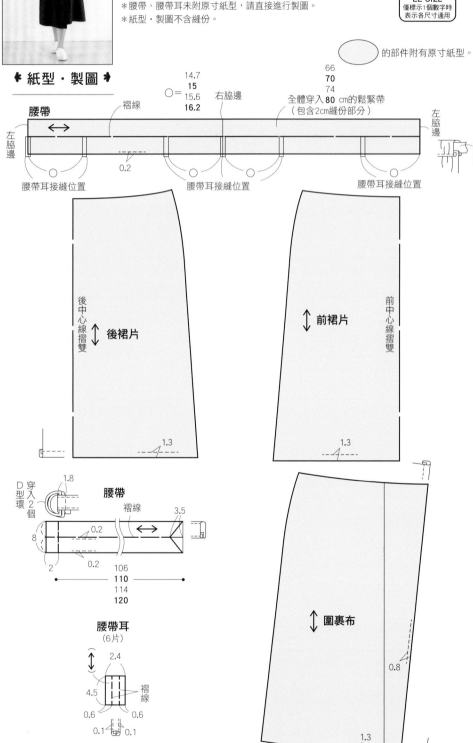

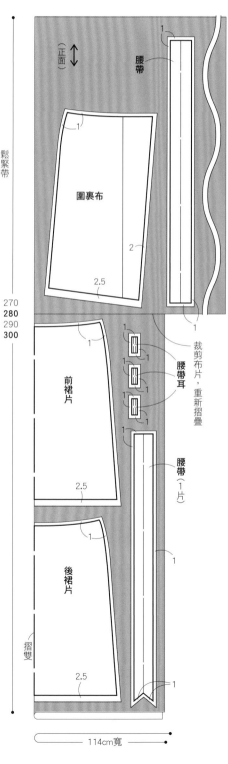

全體穿入80 cm的鬆緊帶
（包含2cm縫份部分）

◯=
14.7
15
15.6
16.2

66
70
74

右脇邊

腰帶
左脇邊
左脇邊
0.2
腰帶耳接縫位置
腰帶耳接縫位置
腰帶耳接縫位置
鬆緊帶

後裙片
後中心線摺雙
1.3

前裙片
前中心線摺雙
1.3

D型環穿入2個
1.8
腰帶
褶線
3.5
8
0.2
0.2
2
106
110
114
120

腰帶耳
（6片）
2.4
4.5
褶線
0.6　0.6
0.1　0.1

圍裏布
0.8
1.3

270
280
290
300

114cm寬
正面
腰帶
1

圍裏布
1
2
2.5

裁剪布片，重新摺疊
前裙片
1
腰帶耳
1
1
1
腰帶（一片）
1
2.5
1

後裙片
摺雙
2.5
1

114cm寬

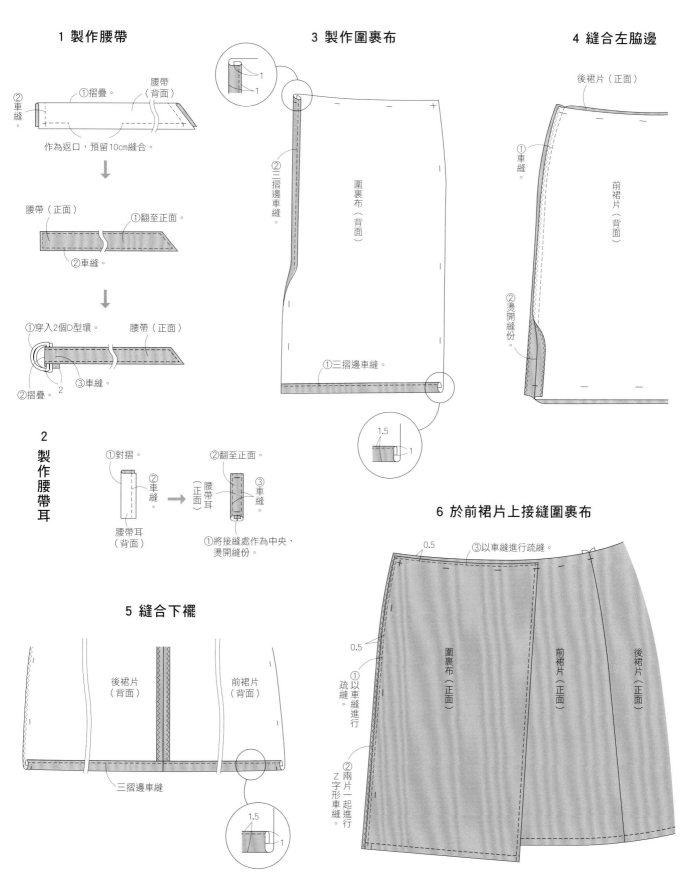

1 製作腰帶

①摺疊。
②車縫。
腰帶（背面）
作為返口，預留10cm縫合。

腰帶（正面）
①翻至正面。
②車縫。

①穿入2個D型環。
腰帶（正面）
②摺疊。
③車縫。
2

2 製作腰帶耳

①對摺。
②車縫。
腰帶耳（背面）
②翻至正面。
③車縫。
腰帶耳（正面）
①將接縫處作為中央，燙開縫份。

3 製作圍裏布

②三摺邊車縫。
圍裏布（背面）
①三摺邊車縫。
1.5
1

4 縫合左脇邊

後裙片（正面）
①車縫。
前裙片（背面）
②燙開縫份。

5 縫合下襬

後裙片（背面）
前裙片（背面）
三摺邊車縫
1.5
1

6 於前裙片上接縫圍裏布

0.5
③以車縫進行疏縫。
0.5
①疏縫。
②兩片一起進行Z字形車縫。
①以車縫進行
圍裏布（正面）
前裙片（正面）
後裙片（正面）

7 縫合右脇邊

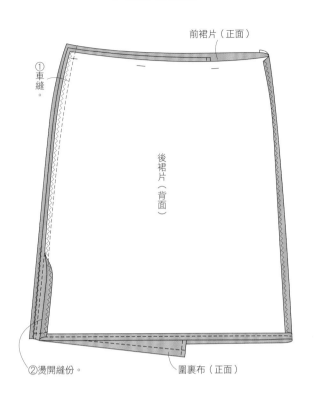

①車縫。

前裙片（正面）

後裙片（背面）

②燙開縫份。

圍裏布（正面）

8 製作腰帶

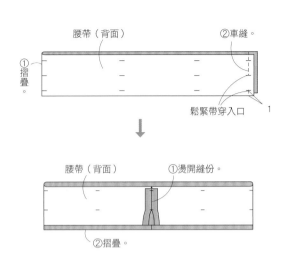

腰帶（背面）

①摺疊。

②車縫。

鬆緊帶穿入口

1

腰帶（背面）

①燙開縫份。

②摺疊。

9 接縫腰帶

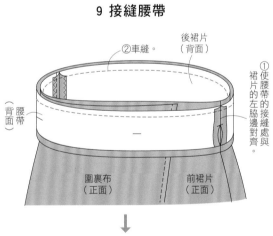

②車縫。

後裙片（背面）

①使腰帶的接縫處與裙片的左脇邊對齊。

腰帶（背面）

圍裏布（正面）

前裙片（正面）

後裙片（正面）

①將縫份收入腰帶之中。

腰帶（正面）

前裙片（背面）

②車縫。

10 接縫腰帶耳

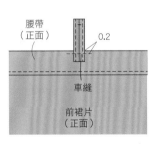

腰帶（正面）

0.2

車縫

前裙片（正面）

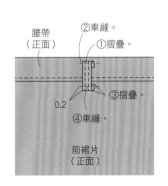

腰帶（正面）

②車縫。

①摺疊。

③摺疊。

0.2

④車縫。

前裙片（正面）

11 穿入鬆緊帶

②重疊2cm，車縫。

①穿入鬆緊帶。

鬆緊帶

12 縫製完成

材　料		S	M	L	LL
表布（棉質綾織布）	108cm寬	2m90cm	3m	3m10cm	3m20cm
黏著襯（日本VILENE FV-2N）	10cm寬	50cm	50cm	50cm	50cm
鬆緊帶	3cm寬	50cm	50cm	50cm	50cm
完成尺寸	總長	1m17.5cm	1m22.5cm	1m27.5cm	1m29.5cm

❖ 關於紙型 ❖

◆原寸紙型：使用B面No. 12。

＊使用部件：前肩帶・後肩帶・前腰帶・後腰帶・前裙片・後裙片。

＊紙型不含縫份。

數字的標記
S　SIZE
M　SIZE
L　SIZE
LL SIZE
僅標示1個數字時
表示各尺寸通用

❖ 紙型 ❖

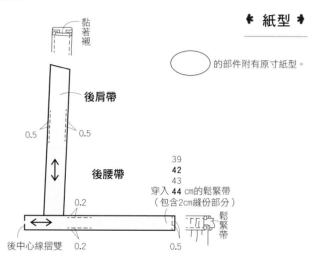

◯ 的部件附有原寸紙型。

後肩帶
後腰帶
0.5　0.5
0.2
0.2　0.5
後中心線摺雙
黏著襯

39
42
43
穿入 **44** cm的鬆緊帶
（包含2cm縫份部分）
鬆緊帶

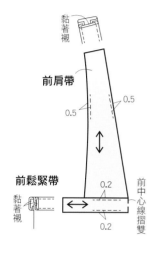

前肩帶
前鬆緊帶
黏著襯
0.5　0.5
0.2
0.2
前中心線摺雙

後裙片
後中心線摺雙
1.8

前裙片
前中心線摺雙
1.8

◆ 作法 ◆　※於開始縫製前，黏貼上黏著襯，並於脇線上進行Z字形車縫。

☐ =黏著襯黏貼位置

108cm寬

摺雙

後肩帶

僅限表肩帶
黏貼黏著襯

前肩帶

裁剪布片，重新摺疊

（正面）

前裙片

後裙片

290
300
310
320

前腰帶

後腰帶

108cm寬

2 縫合脇線

①車縫。

前裙片（背面）

後裙片（正面）

②燙開縫份。

1 摺疊褶襇

①摺疊褶襇。

②以車縫進行疏縫。

0.5

前裙片（正面）

3 縫合下襬線

前裙片（背面）

2

1

三摺邊車縫

4 製作腰帶

表後腰帶（正面）

②燙開縫份。

①車縫。

表前腰帶（背面）

裡後腰帶（正面）

②燙開縫份。

鬆緊帶穿入口

鬆緊帶穿入口

①車縫。

裡前腰帶（背面）

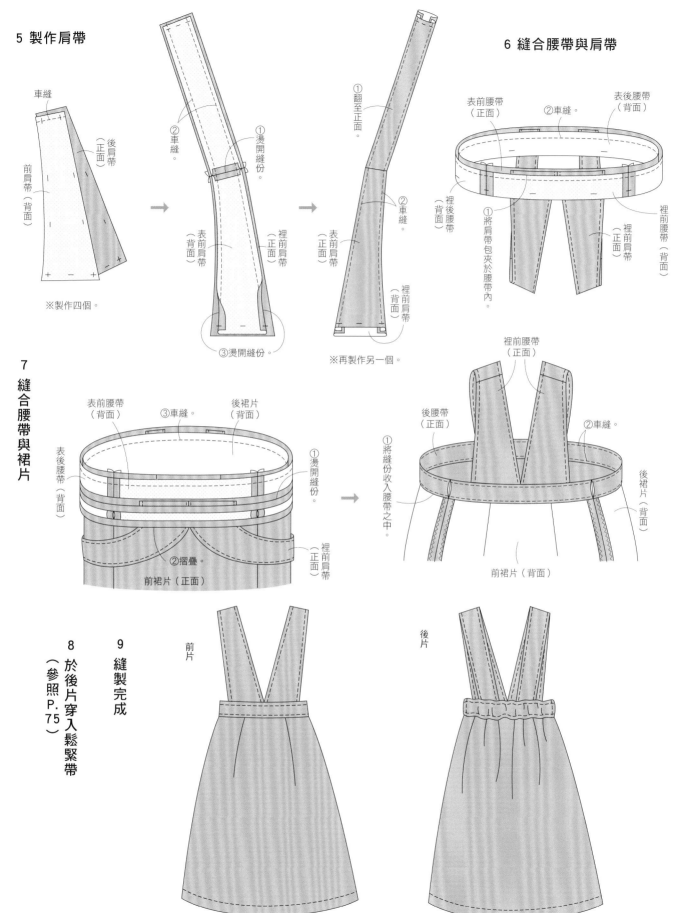

5 製作肩帶

車縫

前肩帶（背面）

後肩帶（正面）

②車縫。

①燙開縫份。

表前肩帶（背面）

裡前肩帶（正面）

③燙開縫份。

※製作四個。

①翻至正面。

②車縫。

表前肩帶（正面）

裡前肩帶（背面）

※再製作另一個。

6 縫合腰帶與肩帶

表前腰帶（正面）

②車縫。

表後腰帶（背面）

裡後腰帶（背面）

①將肩帶包夾於腰帶內。

裡前腰帶（背面）

7 縫合腰帶與裙片

表前腰帶（背面）

③車縫。

後裙片（背面）

表後腰帶（背面）

①燙開縫份。

②摺疊。

前裙片（正面）

裡前肩帶（正面）

裡前腰帶（正面）

後腰帶（正面）

②車縫。

①將縫份收入腰帶之中。

後裙片（背面）

前裙片（背面）

8 於後片穿入鬆緊帶
（參照P.75）

9 縫製完成

前片

後片

P.32 No. 13　P.33 No. 14

材　料		S	M	L	LL
No. 13表布（棉質人字呢）	108cm寬	2m40cm	2m50cm	2m60cm	2m60cm
No. 14表布（半亞麻綾織布）	110cm寬	2m30cm	2m40cm	2m40cm	2m40cm
鬆緊帶	2.5cm寬	70cm	80cm	80cm	90cm
完成尺寸	No.13褲長	93.5cm	97.5cm	101.5cm	102.5cm
	No.14褲長	85.9cm	89.5cm	93.2cm	94.2cm

❧ 關於紙型 ❧

◆原寸紙型：使用A面No. 13・14。

＊使用部件：前褲管・後褲管・口袋。

＊腰帶耳未附原寸紙型，請直接進行製圖。

＊紙型・製圖不含縫份。

＊由於No. 13的後褲管（僅限L・LL尺寸）分為兩片紙型，
　因此請依記號對齊紙型。

數字的標記
S　SIZE
M　SIZE
L　SIZE
LL　SIZE
僅標示1個數字時
表示各尺寸通用

❧ 紙型・製圖 ❧

⬭ 的部件附有原寸紙型。

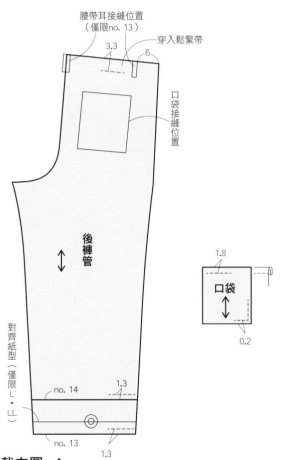

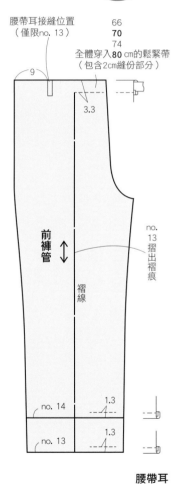

腰帶耳
（5片）

2.4
4.5
褶線
0.6　0.6
0.1　0.1

❧ 表布的裁布圖 ❧

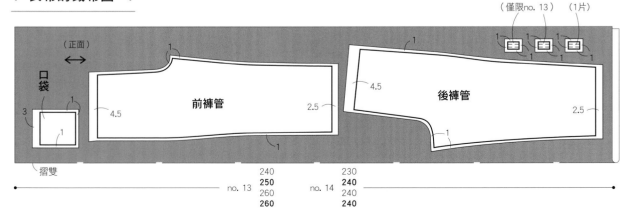

腰帶耳
（僅限no. 13）　（1片）

no. 13
108cm寬

no. 14
110cm寬

（正面）

口袋

前褲管　　後褲管

摺雙

	no. 13		no. 14	
	240		230	
	250		**240**	
	260		240	
	260		**240**	

1 製作並接縫口袋

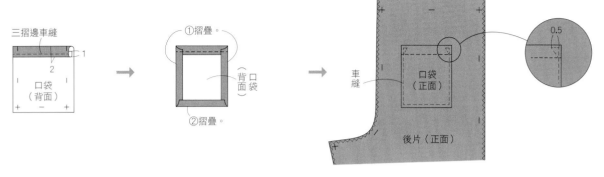

三摺邊車縫

口袋（背面）

①摺疊。
②摺疊。
口袋（背面）

0.5
車縫
口袋（正面）
後片（正面）

2 縫合脇線・股下線

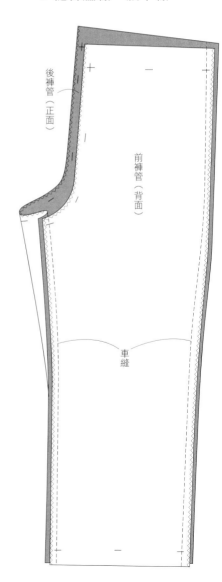

後褲管（正面）

前褲管（背面）

車縫

3 縫合下襬線

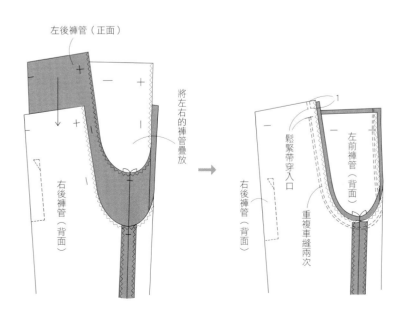

①燙開縫份。
前褲管（背面）

1.5

②三摺邊車縫。

1

4 縫合股上線

左後褲管（正面）

右後褲管（背面）

將左右的褲管疊放

鬆緊帶穿入口
左前褲管（背面）
右後褲管（背面）
重複車縫兩次

5 縫合腰線

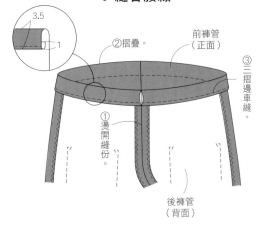

3.5
1
②摺疊。
前褲管（正面）
③三摺邊車縫。
①燙開縫份。
後褲管（背面）

8 摺疊褲子，摺出褶痕（僅限no.13）

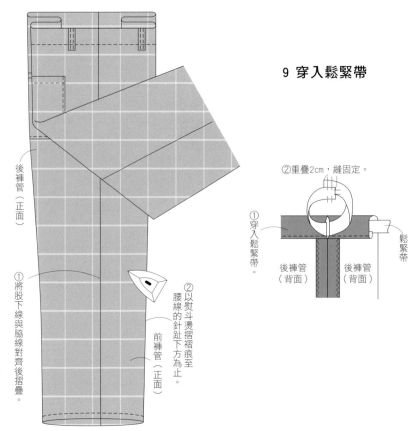

後褲管（正面）
①將股下線與脇線對齊後摺疊。
②以熨斗燙摺褶痕至腰線的針趾下方為止。
前褲管（正面）

9 穿入鬆緊帶

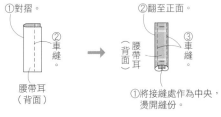

②重疊2cm，縫固定。
①穿入鬆緊帶。
鬆緊帶
後褲管（背面）
後褲管（背面）

6 製作腰帶耳（僅限no.13）

①對摺。
②車縫。
腰帶耳（背面）

②翻至正面。
③車縫。
腰帶耳（背面）
①將接縫處作為中央，燙開縫份。

7 接縫腰帶耳（僅限no.13）

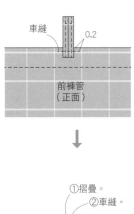

車縫
0.2
前褲管（正面）

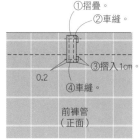

①摺疊。
②車縫。
③摺入1cm。
0.2
④車縫。
前褲管（正面）

10 縫製完成

no. 13
no. 14

P.40 No.*17*　　P.41 No.*18*

材　料		S	M	L	LL
No.17表布（麻質嫘縈混紡布）	145cm寬	1m90cm	2m	2m10cm	2m10cm
No.18表布（聚酯纖維亞麻布）	144cm寬	2m	2m	2m10cm	2m10cm
鬆緊帶A	2.5cm寬	70cm	80cm	80cm	90cm
No.18鬆緊帶B	3cm寬	60cm	60cm	60cm	60cm
完成尺寸	No.17褲長	84.3cm	88cm	92cm	93cm
	No.18褲長	84.3cm	88cm	92cm	93cm

❖ 關於紙型 ❖

◆原寸紙型：使用A面No.17‧18。
＊使用部件：腰帶‧前褲管‧後褲管‧口袋。
＊紙型不含縫份。

❖ 表布的裁布圖 ❖

❖ 紙型 ❖

◯ 的部件附有原寸紙型。

數字的標記
S　SIZE
M　SIZE
L　SIZE
LL SIZE
僅標示1個數字時
表示各尺寸通用

腰帶

66
70
74
穿入 **80** cm的鬆緊帶
（包含2cm縫份部分）

左脇邊　　　　　　　　　左脇邊
褶線　　　　0.2

鬆緊帶A

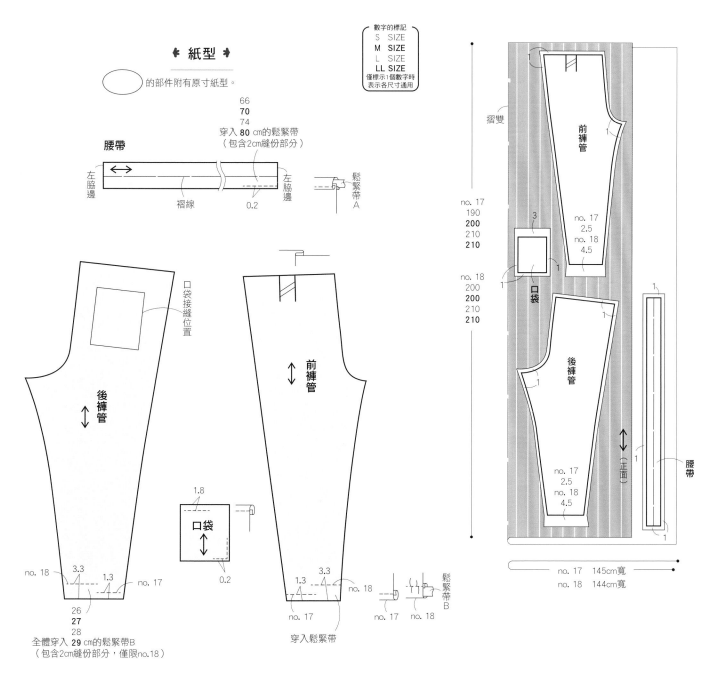

後褲管

口袋接縫位置

前褲管

no.17
190
200
210
210

no.18
200
200
210
210

摺雙

前褲管

no.17
2.5
no.18
4.5

3

口袋

後褲管

（正面）

no.17
2.5
no.18
4.5

腰帶

口袋

1.8

0.2

no.18　3.3　1.3　no.17

26
27
28

全體穿入 **29** cm的鬆緊帶B
（包含2cm縫份部分，僅限no.18）

1.3　3.3
no.17　no.18

穿入鬆緊帶

no.17　no.18
鬆緊帶B

no.17　145cm寬
no.18　144cm寬

1 製作並接縫口袋

3 縫合脇線・股下線

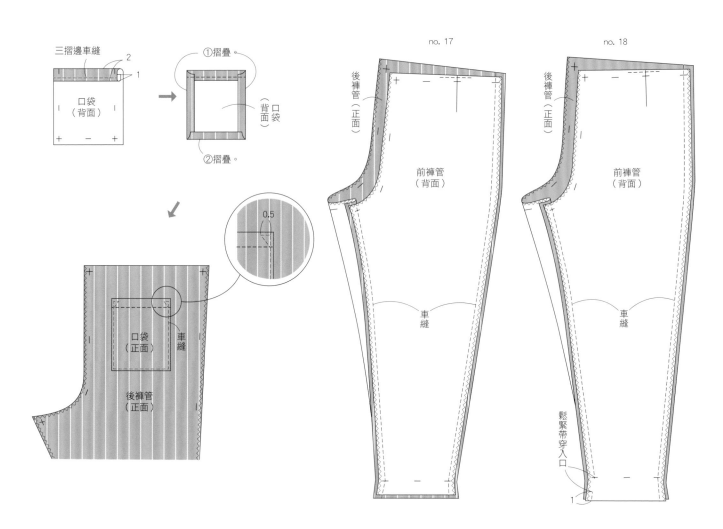

2 摺疊褶襇

4 縫合下襬線

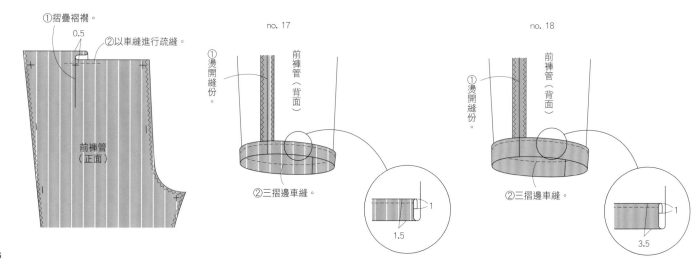

5 縫合股上線

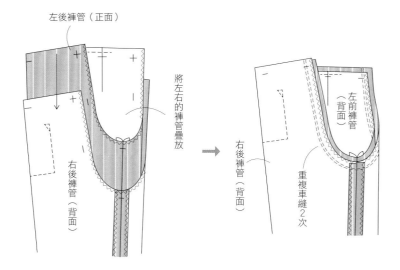

左後褲管（正面）

將左右的褲管疊放

右後褲管（背面）

左前褲管（背面）

右後褲管（背面）

重複車縫2次

6 製作腰帶

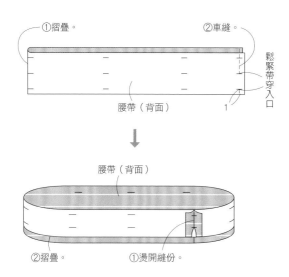

①摺疊。

②車縫。

鬆緊帶穿入口

腰帶（背面）

1

腰帶（背面）

②摺疊。

①燙開縫份。

7 接縫腰帶

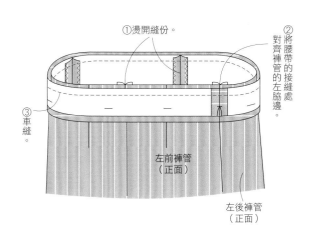

①燙開縫份。

②將腰帶的接縫處對齊褲管的左脇邊。

③車縫。

左前褲管（正面）

左後褲管（正面）

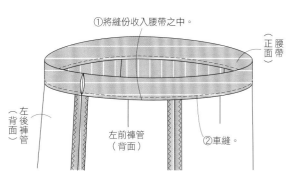

①將縫份收入腰帶之中。

腰帶（正面）

左後褲管（背面）

左前褲管（背面）

②車縫。

10 縫製完成

no. 17

no. 18

8 將鬆緊帶穿入腰帶內

②重疊2cm，縫固定。

①穿入鬆緊帶。

鬆緊帶

左後褲管（背面）

左前褲管（背面）

9 將鬆緊帶穿入下襬內
（僅限no.18）

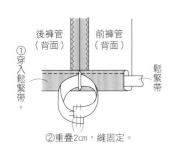

後褲管（背面）

前褲管（背面）

①穿入鬆緊帶。

鬆緊帶

②重疊2cm，縫固定。

材 料		S	M	L	LL
表布（棉布）	110cm寬	1m70cm	1m70cm	1m80cm	1m80cm
鬆緊帶	1.5cm寬	1m40cm	1m50cm	1m50cm	1m70cm
完成尺寸	裙長	64.5cm	68cm	71cm	72cm

✦ 關於紙型 ✦

◆未附原寸紙型，請直接進行製圖。
＊製圖不含縫份。

數字的標記
S SIZE
M SIZE
L SIZE
LL SIZE
僅標示1個數字時
表示各尺寸通用

✦ 製圖 ✦

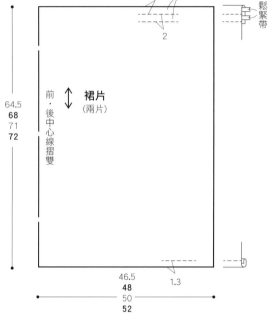

66
70
74
全體穿入80cm的鬆緊帶
（包含2cm縫份部分）
鬆緊帶

2
2

裙片
（兩片）

前・後中心線摺雙

64.5
68
71
72

46.5
48
50
52

1.3

✦ 表布的裁布圖 ✦

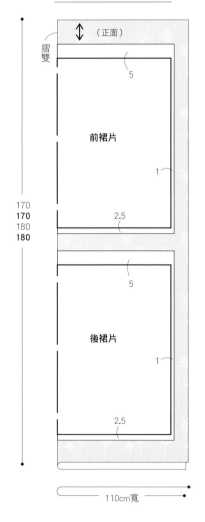

（正面）
摺雙
5
前裙片
1
2.5
5
後裙片
1
2.5

170
170
180
180

110cm寬

✦ 作法 ✦

※於開始縫製前，於腰線、
脇線上進行Z字形車縫。

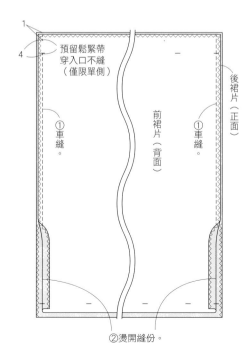

1
車縫脇線

1
4
預留鬆緊帶
穿入口不縫
（僅限單側）

①車縫。
前裙片（背面）
①車縫。
後裙片（正面）

②燙開縫份。

2 縫合下襬

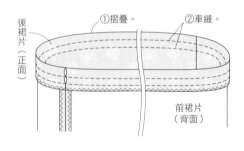

前裙片
（背面）

三摺邊車縫

1.5
1

3 縫合腰線

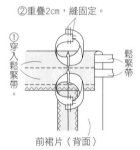

①摺疊。
②車縫。

後裙片（正面）

前裙片
（背面）

4 穿入鬆緊帶

②重疊2cm，縫固定。
①穿入鬆緊帶。
鬆緊帶

前裙片（背面）

5 縫製完成

■ Sewing 縫紉家 34

無拉鍊 × 輕鬆縫

鬆緊帶設計的褲＆裙＆配件小物

....

授　　權／Boutique-sha
譯　　者／彭小玲
發 行 人／詹慶和
總 編 輯／蔡麗玲
執行編輯／劉蕙寧
編　　輯／蔡毓玲‧黃璟安‧陳姿伶‧李宛真‧陳昕儀
封面設計／周盈汝
美術編輯／陳麗娜‧韓欣恬
內頁排版／造極
出 版 者／雅書堂文化事業有限公司
發 行 者／雅書堂文化事業有限公司
郵撥帳號／ 18225950　戶名：雅書堂文化事業有限公司
地　　址／新北市板橋區板新路 206 號 3 樓
電　　話／(02)8952-4078
傳　　真／(02)8952-4084
網　　址／ www.elegantbooks.com.tw
電子郵件／ elegant.books@msa.hinet.net
....
2019 年 05 月初版一刷　定價 420 元
....
Lady Boutique Series No.4570
FASTENER TSUKE NO NAI KANTAN SKIRT & PANTS
© 2018 Boutique-sha, Inc.
All rights reserved.
Original Japanese edition published in Japan by BOUTIQUE-SHA.
Chinese (in complex character) translation rights arranged with BOUTIQUE-SHA
tthrough Keio Cultural Enterprise Co., Ltd., New Taipei City, Taiwan.
....
經銷／易可數位行銷股份有限公司
地址／新北市新店區寶橋路 235 巷 6 弄 3 號 5 樓
電話／ (02)8911-0825
傳真／ (02)8911-0801
....

國家圖書館出版品預行編目 (CIP) 資料

無拉鍊 × 輕鬆縫‧鬆緊帶設計的褲＆裙＆配
件小物 / Boutique-sha 授權；彭小玲譯 .
-- 初版 . – 新北市：雅書堂文化，2019.05
　面；　公分 . -- (Sewing 縫紉家；34)
ISBN 978-986-302-489-7（平裝）

1. 縫紉 2. 衣飾 3. 手工藝

426.3　　　　　　　　　　108004995

無拉鍊
×
輕鬆縫

無拉鍊
×
輕鬆縫

無拉鍊
×
輕鬆縫